普通高等教育应用型本科电气工程及其自动化专业特色规划教材

电机原理实验教程

刘玉成　胡　刚　主　编
庄　凯　副主编
董志明　主　审

中国铁道出版社有限公司
CHINA RAILWAY PUBLISHING HOUSE CO., LTD.

内 容 简 介

本书为普通高等教育应用型本科电气工程及其自动化专业特色规划教材,是总结电气工程及其自动化专业电机原理实验课程的教学实践,根据教学大纲要求,结合应用型本科电气工程及其自动化专业的特点编写的。

全书主要包括单相变压器、三相变压器、直流电机、三相异步电动机、单相异步电动机、三相同步电动机、控制电机等方面的实验内容。

本书适合作为高等院校应用型本科电气工程及其自动化专业电机原理实验课程教材。对实验内容进行取舍后也可作为自动化专业电机及拖动基础课程的实验教材,还可作为工程技术人员的参考书。

图书在版编目(CIP)数据

电机原理实验教程/刘玉成,胡刚主编. —北京:
中国铁道出版社有限公司,2019.6 (2019.12重印)
普通高等教育应用型本科电气工程及其自动化专业
特色规划教材
ISBN 978-7-113-25710-1

Ⅰ.①电… Ⅱ.①刘… ②胡… Ⅲ.①电机学-实验-
高等学校-教材 Ⅳ.①TM3-33

中国版本图书馆 CIP 数据核字(2019)第 087703 号

书　　名:电机原理实验教程
作　　者:刘玉成　胡　刚

策　　划:许　璐　　　　　　　　　　　读者热线:(010)63550836
责任编辑:许　璐　绳　超
封面设计:刘　颖
责任校对:张玉华
责任印制:郭向伟

出版发行:中国铁道出版社有限公司(100054,北京市西城区右安门西街8号)
网　　址:http://www.tdpress.com/51eds/
印　　刷:北京鑫正大印刷有限公司
版　　次:2019年6月第1版　2019年12月第2次印刷
开　　本:787 mm×1 092 mm　1/16　印张:7.75　字数:185 千
书　　号:ISBN 978-7-113-25710-1
定　　价:25.00 元

前　　言

　　实验是为了认识世界或事物、为了检验某种科学理论或假定而进行的操作或活动。任何自然科学理论都离不开实践,科学实践是研究自然科学极为重要的环节,也是科学技术得以发展的重要保证。

　　本书主要内容包括:单相变压器参数和运行特性的测定、三相变压器联结组标号的测定、三相变压器的不对称短路的研究、认识直流电机、他励直流发电机的运行特性的研究、测定并励直流发电机和复励直流发电机的外特性、测定并励直流电动机运行特性和调速特性、测定三相异步电动机的工作特性、三相异步电动机的起动与调速、测定单相电容起动异步电动机的技术指标和参数、测定三相同步电动机的V形曲线与工作特性、他励直流电动机的机械特性研究、三相绕线转子异步电动机的机械特性研究、三相异步电动机的点动和自锁控制线路的安装接线、三相异步电动机的正反转控制线路的安装接线、两台异步电动机的顺序控制线路的安装接线、三相笼形异步电动机的降压起动控制线路的安装接线、三相绕线转子异步电动机的起动控制线路的安装接线、双速异步电动机控制线路的安装接线、步进电动机的特性研究、旋转变压器的特性研究、测定伺服电动机的参数、机械特性和调节特性、测定自整角机性能指标等。为培养学生独立实验的能力,书中有些实验内容写得比较简略,留有部分内容让学生自己完成。在内容安排上注重对学生基本实验技能的训练,旨在通过实验,使学生掌握连接实验线路、电工测量、故障排除等实验技巧,掌握常用电工仪器仪表的基本原理、使用方法以及数据采集、数据处理和各种故障现象的观察分析方法。通过学习本书内容,培养学生用基本理论分析问题、解决问题的能力;培养学生严肃认真的科学态度、踏实细致的实验作风,增强学生的动手能力。

　　本书具有如下特点:

　　1. 内容充实,注重实际技能训练

书中实验的选择原则本着既能够验证理论、巩固并加深理解理论知识,又能够使学生得到实际技能训练。每个实验都经过编者的实际验证,保证了实验的合理性、可操作性和知识点的深度与广度。在实验任务的设计中,要求学生尽量多而反复地使用电压表、电流表、功率表等各种常规电工仪器仪表,目的是使学生在反复使用的过程中真正掌握这些仪器仪表的使用方法,在后续课程乃至未来的工程实践中能够得心应手地应用这些仪器仪表。

2. 通用性强

使用本书的教师,可根据各院校的实际情况和教学大纲的实施计划,酌情选择全部或部分内容。

本书适合作为高等院校应用型本科电气工程及其自动化专业电机原理实验课程教材,也可以作为高等院校应用型本科自动化专业电机及拖动基础课程的实验教材。

本书由重庆科技学院电气工程学院刘玉成、胡刚任主编,庄凯任副主编。具体编写分工如下:刘玉成负责编写实验一～实验十一,胡刚负责编写实验十二～实验二十二,庄凯负责编写实验二十三。

全书由刘玉成教授统稿与定稿。重庆科技学院董志明对全书进行了仔细审阅,并提出了许多宝贵的意见。在本书编写过程中,还得到了电工电子实验教学中心电机实验室周红军的大力支持,在此致以深切的谢意!

由于编者水平所限,书中不足之处在所难免,敬请广大读者批评指正,以便修订时改进。如读者在使用本书的过程中有其他意见或建议,恳请向编者(ckdqgcx@163.com)提出宝贵意见。

编　者

2019 年 4 月

目　录

绪　　论

实验是帮助学生学习和运用理论处理实际问题,验证、理解和巩固基本理论,培养学生的实验技能、动手能力和分析问题及解决问题的能力,获得创新思维潜力和科学研究方法训练的重要环节。

对于电机原理实验课程来说,在系统学习了本学科理论知识的基础上,还要加强基本实验技能的训练,电机原理实验即为这种技能训练的重要环节。电机原理实验是电气工程及其自动化专业的专业教育必修课。实验质量的高低将直接影响学生实际动手能力的高低,而实际动手能力则关系到学生今后的工作和发展。因此,对电机原理实验课程应该给予足够的重视。

一、电机原理实验课程的任务和教学目的

电机原理实验课程是电气工程及其自动化专业的专业基础课。本课程的任务是通过教学,使学生得到基本实验技能的训练,提高学生运用基本理论分析、解决实际问题的能力,培养学生严谨的科学作风和实际动手能力,为将来的专业实验、生产实习与科学研究打下坚实的基础。

本课程的教学目的是培养学生基本的实验动手能力和基本的实验技能,通过实验,要求学生掌握常用电工仪器、仪表的使用,掌握各种电机的基本参数测定的方法,了解各种电机的基本性能,能写出符合要求的实验报告。

二、电机原理实验课程的基本要求

1. 实验前的准备

实验前应复习教科书有关章节,认真研读实验指导书,了解实验目的、项目、方法与步骤,明确实验过程中应注意的问题(有些内容可到实验室对照实验组件预习,如熟悉组件的编号、使用及其规定值等),并按照实验项目准备记录抄表等。

实验前应写好预习报告,经指导教师检查认为确实做好了实验前的准备,方可开始进行实验。

认真做好实验前的准备工作,对于培养学生独立工作能力,提高实验质量和保护实验设备都是很重要的。

2. 实验的进行

1)建立小组,合理分工

每次实验都以小组为单位进行,每组由两人组成,实验进行中的接线、调节负载、保持电压或电流、记录数据等工作每人应有明确的分工,以保证实验操作协调,记录数据准确可靠。

2)选择组件和仪表

实验前先熟悉本次实验所用的组件,记录电机铭牌和选择仪表量程,然后依次排列组件和仪表,以便测取数据。

3)按图接线

根据实验线路图及所选组件、仪表,按图接线,线路力求简单明了,按接线原则是先接串联主回路,再接并联支路。为查找线路方便,每路可选用相同颜色的导线或插头。

4)起动电机,观察仪表

在正式实验开始之前,先熟悉仪表设备,正确选择电机的起动电阻和负载电阻,然后按一定规范起动电机,观察所有仪表是否正常。如果出现异常,应立即切断电源,并排除故障;如果一切正常,即可正式开始实验。

5)测取数据

预习时,对电机的铭牌数据以及实验方法及所测数据的大小做到心中有数。正式实验时,根据实验步骤逐次测取数据。

6)认真负责,实验有始有终

实验完毕,须将数据交指导教师审阅。经指导教师认可后,才允许拆线并把实验所用的组件、导线及仪器等物品整理好。

3. 实验报告

实验报告是根据实测数据和在实验中观察和发现的问题,经过自己分析研究或组内分析讨论后写出的心得体会。

实验报告要简明扼要、字迹清楚、图表整洁、结论明确。

实验报告包括以下内容:

(1)实验名称、专业班级、学号、姓名、实验日期、室温。

(2)列出实验中所用组件的名称及编号,电机铭牌数据 P_N、U_N、I_N、n_N 等。

(3)列出实验项目并绘出实验时所用的线路图,并注明仪表量程,电阻元件阻值,电源端编号等。

(4)数据的实时采集、记录和计算。

(5)在计算机上按记录及计算的数据在曲线表上画出曲线。

(6)根据数据和曲线进行计算和分析,说明实验结果与理论是否符合,可对某些问题提出一些自己的见解并最后写出结论填写到实验报告上。实验报告应写在一定规格的报告纸上,保持整洁。

(7)每次实验每人独立完成一份报告,按时送交指导教师批阅。

三、实验安全操作规程

为了按时完成电机原理实验,确保实验时人身安全与设备安全,要严格遵守如下规定的安全操作规程:

(1)实验时,人体不可接触带电线路。

(2)接线和拆线都必须在切断电源的情况下进行。

(3)学生独立完成接线或改接线路后,必须经指导教师检查和允许,并使组内其他同学引起注意后方可接通电源。实验中如发生异常情况和故障,应立即切断电源,经查清问题和妥善处理故障后,才能继续进行实验。

(4)电机原理实验线路接好后,应先检查功率表和电流表的量程是否符合要求,是否有短路回路存在,以免损坏仪表或电源。

(5)连接线路时要注意将导线完全插入插孔内,避免因接触不良造成线路不通或引起发热而影响实验的进行。

(6)做电机原理实验时,长发女生要注意将头发用发夹卡好,小心头发被卷入电机转轴而引起人身事故。

（7）爱护国家财产和实验设备,任何人不得随意在实验台和实验装置上乱写记号。

（8）实验室须保持安静和清洁,不得大声喧哗、抽烟、随地吐痰、乱扔纸屑。

（9）总电源或实验台控制屏上的电源应在实验指导教师允许后方可接通,其他人不得自行合闸。

实验一 单相变压器参数和运行特性的测定

一、实验目的

(1)学习电机实验的基本要求与安全操作注意事项。
(2)通过空载和短路实验测定变压器的电压比和参数。
(3)通过负载实验测取变压器的运行特性。

二、预习要点

(1)变压器的空载和短路实验有什么特点？实验中电源电压一般加在哪一侧较合适？
(2)在空载和短路实验中,各种仪表应怎样连接才能使测量误差最小？
(3)如何用实验方法测定变压器的铁耗及铜耗？
(4)变压器的空载实验参数和短路实验参数分别要进行什么折算？

三、实验项目

1. 空载实验
测取空载特性 $U_0 = f(I_0)$, $P_0 = f(U_0)$, $\cos \varphi_0 = f(U_0)$ 。

2. 短路实验
测取短路特性 $U_k = f(I_k)$, $P_k = f(I_k)$, $\cos \varphi_k = f(I_k)$ 。

3. 负载实验
(1)纯电阻负载。保持 $U_1 = U_N$, $\cos \varphi_2 = 1$ 的条件下,测取 $U_2 = f(I_2)$ 。
(2)电感性负载。保持 $U_1 = U_N$, $\cos \varphi_2 = 0.8$ 的条件下,测取 $U_2 = f(I_2)$ 。

四、实验设备及控制屏上挂件排列顺序

1. 实验设备
(1)本实验所用设备见表 1-1。

表 1-1 单相变压器参数和运行特性的测定的实验设备

序号	型号	名 称	数 量
1	DQ24	交流电压表	1件
2	DQ23	交流电流表	1件
3	DQ25	单三相智能功率、功率因数表	1件
4	DQ05	三相组式变压器	1件
5	DQ27	三相可调电阻	1件
6	DQ28	三相可调电抗器	1件
7	DQ31	波形测试及开关板	1件

（2）实验设备、仪表的选择及使用：

①DQ01 电源控制屏。设有三相交流、直流电源控制按钮、照明、实验管理器以及过电流、过电压保护系统。使用方法如下：

a. 用钥匙打开电源总开关，红灯亮表示实验台总电源通电。当合上照明开关，实验台上荧光灯亮。按下起动按钮，绿色灯亮，表示交流、直流电源和仪表挂件全部得电；按下停止按钮，实验台断电。

b. 三相可调电源——采用三相四线制供电。插口 U、V、W 为三相调压输出。接 U、N 相为单相调压输出，其电压大小受三相调压器控制。位于 TKDQ-2 型实验装置左侧的调压器手柄逆时针旋转到底为零位输出；顺时针旋转为电压增大。注意：实验开始前，将调压器手柄置零位。

c. 直流电动机电源：

● 电枢电源：电源电压为 40～230 V 可调。旋钮逆时针旋转为电压减小，顺时针旋转为电压增加。

● 励磁电源：电源电压为 220 V 不可调，直接通过开关切换。

②DQ24 挂件——交流电压表。可用于同时测量三相电压，也可用于测量单相电压。电压表应与电路并联使用。仪表上设有过电压保护装置，当电路出现过载，保护装置会自动告警，此时按下挂件上的复位按钮可结束告警。若告警持续，则提示电路中另有故障，应切断电源查明原因。

③DQ23 挂件——交流电流表。可用于测量交流电流。电流表必须与电路串联使用。仪表上设有过电流保护装置，当电路出现过载时，保护系统会自动告警，此时按下复位按钮可结束告警。若告警持续，则提示电路中另有故障，应切断电源查明原因。

④DQ25 挂件——单三相智能功率、功率因数表。此表有两个功能：

a. 用于测量三相功率和单相功率；

b. 用于测量电路的功率因数。

表的初始设置为功率测试，当需要测取功率因数时，按下表的功能选择按钮，表上显示出 COS，再按下确认按钮，此表显示为功率因数。表的功能将通过按钮来实现切换。且挂件上设有自动告警装置，出现告警后，按下复位按钮可结束告警。

⑤DQ05 挂件——三相组式变压器。因其结构为三相绕组独立绕制，磁路相互不影响，可选择某一相绕组作单相变压器使用。实验中应注意变压器一、二次绕组的额定值：A、B、C 各相容量 $S_N = 76$ V·A，$U_{1N\varphi}/U_{2N\varphi} = 220$ V/63.5 V，$I_{1N\varphi}/I_{2N\varphi} = 0.345$ A/1.2 A。

⑥DQ27 挂件——三相可调电阻。每相电阻由 2 个 900 Ω 滑线式变阻器组成。可根据不同实验要求，采用串、并联方式，接成组合电阻使用。本实验要求取其任一相电阻为负载电阻。电阻接 A1、A2 插口（或 B1、B2 或 C1、C2 插口）时为串联接法，得 1 800 Ω/0.41 A 可调电阻值，其调节方向与电阻手柄指向一致。

⑦DQ28 挂件——三相可调电抗器。给电路提供电感，以改变负载性质。本实验中和电阻并联使用。接线时，连接电抗器的 a、x 两端为 0.5 A、220 V、1 H 可调电抗器，电抗值的调节方向与其手柄指向一致。调节时应密切注意负载电流的变化，不能超过变压器的额定值。

⑧DQ31 波形测试及开关板。开关板上有 S1、S2、S3 共 3 个开关。S1、S2 为双掷开关，S3 为单掷开关。常和发电机或变压器的负载输出端连接。实验中可根据电路图选择使用。波形测试功能本实验不使用。

2. 屏上挂件排列顺序

DQ24、DQ23、DQ25、DQ05、DQ27、DQ31、DQ28。

五、实验内容与步骤

（1）由实验指导教师介绍 TKDQ-2 型电机及电气技术实验装置各面板布置及使用方法，讲解电机实验的基本要求、安全操作和注意事项。

（2）空载实验：

①在三相调压交流电源断电的条件下，按图 1-1 接线。被测变压器选用三相组式变压器 DQ05 中的一只作为单相变压器，其额定容量 $S_N = 76\ V \cdot A$，$U_{1N}/U_{2N} = 220\ V/63.5\ V$，$I_{1N}/I_{2N} = 0.345\ A/1.2\ A$。变压器的低压线圈 a、x 接电源，高压线圈 A、X 开路。

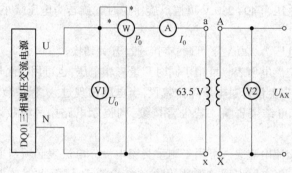

图 1-1　空载实验接线图

②选好所有电表量程。将控制屏左侧调压器旋钮向逆时针方向旋转到底，即将其调到输出电压为零的位置。

③合上交流电源总开关，按下"开"按钮，便接通了三相交流电源。调节三相调压器旋钮，使变压器空载电压 $U_0 = 1.2 U_N$，然后逐次降低电源电压，在 $(1.2 \sim 0.2) U_N = 76.2 \sim 12.7\ V$ 的范围内，测取变压器的 U_0、I_0、P_0。

④测取数据时，$U = U_N = 63.5\ V$ 点必须测，并在该点附近测的点较密，共测取 7 组数据，记入表 1-2 中。

⑤为了计算变压器的电压比，在 U_N 以下测取一次电压的同时测出二次电压数据也记入表 1-2 中。

表 1-2　空载实验数据

序号	实　验　数　据				计算数据
	U_0/V	I_0/A	P_0/W	U_{AX}/V	$\cos \varphi_0$
1					
2					
3					
4					
5					
6					
7					

（3）短路实验：

①按下控制屏上的"关"按钮,切断三相调压交流电源,按图1-2接线(以后每次改接线路,都要关断电源)。将变压器的高压线圈接电源,低压线圈直接短路。

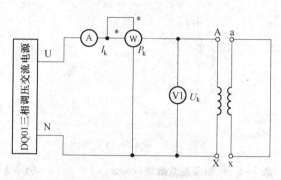

图1-2　短路实验接线图

②选好所有电表量程,将交流调压器旋钮调到输出电压为零的位置。

③接通交流电源,逐次缓慢增加输入电压,直到短路电流等于1.1I_N为止,在$(0.2 \sim 1.1)I_N = 69 \sim 379.5$ mA 范围内测取变压器的 U_k、I_k、P_k。

④测取数据时,$I_k = I_N = 345$ mA 点必须测,共测取7组数据,记入表1-3中。实验时记下周围环境温度(℃)。

表1-3　短路实验数据(室温____℃)

序　号	实 验 数 据			计 算 数 据
	U_k/V	I_k/A	P_k/W	$\cos \varphi_k$
1				
2				
3				
4				
5				
6				
7				

（4）负载实验。实验电路如图1-3所示。变压器低压线圈接电源,高压线圈经过开关S1和S2,接到负载电阻R_L和电抗X_L上。R_L选用从DQ27上A2、A1两端引出的由两只900 Ω/0.41 A 电阻串联构成电阻值为1 800 Ω、额定电流为0.41 A(>0.345 A)的变阻器,X_L选用DQ28,功率因数表选用DQ25,开关S1和S2选用DQ31。

①纯电阻负载：

a. 将调压器旋钮调到输出电压为零的位置,S1、S2断开,负载电阻值调到最大。

b. 接通交流电源,逐渐升高电源电压,使变压器输入电压$U_1 = U_N$。

c. 保持$U_1 = U_N$,合上S1,逐渐增加负载电流,即减小负载电阻R_L的值,从空载到额定负载的范围内,测取变压器的输出电压U_2和电流I_2。

d. 测取数据时,$I_2 = 0$ 和 $I_2 = I_{2N} = 0.345$ A 必测,共测取 7 组数据记入表 1-4 中。

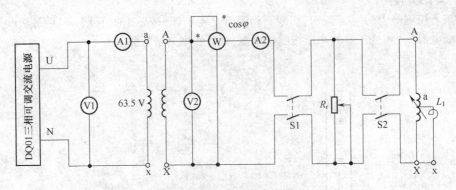

图 1-3 负载实验接线图

表 1-4 纯电阻负载数据($\cos \varphi_2 = 1, U_1 = U_N = 63.5$ V)

序 号	1	2	3	4	5	6	7
U_2/V							
I_2/A							

②电感性负载($\cos \varphi_2 = 0.8$)

a. 用电抗器 X_L 和 R_L 并联作为变压器的负载,S1、S2 断开,电阻及电抗值调至最大。

b. 接通交流电源,升高电源电压至 $U_1 = U_{1N}$。

c. 合上 S1、S2,在保持 $U_1 = U_N$ 及 $\cos \varphi_2 = 0.8$ 的条件下,逐渐增加负载电流,从空载到额定负载的范围内,测取变压器 U_2 和 I_2。

d. 测取数据时,$I_2 = 0$ 和 $I_2 = I_{2N}$ 两点必测,共测取 7 组数据记入表 1-5 中。

表 1-5 电感性负载数据($\cos \varphi_2 = 0.8, U_1 = U_N = 63.5$ V)

序 号	1	2	3	4	5	6	7
U_2/V							
I_2/A							

六、注意事项

(1)在变压器实验中,应注意电压表、电流表、功率表的合理布置及量程选择。

(2)短路实验操作要快,否则线圈发热会引起电阻变化。

(3)在电感性负载实验中,增加负载电流时,$\cos \varphi_2$ 要发生变化,为保持 $\cos \varphi_2$ 不变,必须同时调节电抗和电阻值。

七、实验报告

1. 计算电压比

由空载实验测变压器的一、二次电压的数据,分别计算出电压比,然后取其平均值作为变压器的电压比 k。

$$k = \frac{U_{AX}}{U_{ax}} \tag{1-1}$$

2. 绘出空载特性曲线和计算励磁参数

（1）绘出空载特性曲线 $U_0 = f(I_0)$，$P_0 = f(U_0)$，$\cos \varphi_0 = f(U_0)$。

$$\cos \varphi_0 = \frac{P_0}{U_0 I_0} \tag{1-2}$$

（2）计算励磁参数。从空载特性曲线上查出对应于 $U_0 = U_N$ 时的 I_0 和 P_0 值，并由式（1-3）~式（1-5）算出折算到高压侧的励磁参数。

$$r_m = k^2 \frac{P_0}{I_0^2} \tag{1-3}$$

$$|Z_m| = k^2 \frac{U_0}{I_0} \tag{1-4}$$

$$X_m = \sqrt{|Z_m|^2 - r_m^2} \tag{1-5}$$

3. 绘出短路特性曲线和计算短路参数

（1）绘出短路特性曲线 $U_k = f(I_k)$、$P_k = f(I_k)$、$\cos \varphi_k = f(I_k)$。

（2）计算短路参数。从短路特性曲线上查出对应于短路电流 $I_k = I_N$ 时的 U_k 和 P_k 值，并由式（1-6）~式（1-8）算出实验环境温度为 θ ℃时的短路参数。

$$|Z_{k\theta}| = \frac{U_k}{I_k} \tag{1-6}$$

$$r_{k\theta} = \frac{P_k}{I_k^2} \tag{1-7}$$

$$X_k = \sqrt{|Z_{k\theta}|^2 - r_k^2} \tag{1-8}$$

由于短路电阻 r_k 随温度变化，因此，算出的短路电阻应按国家标准换算到基准工作温度 75 ℃时的阻值。

$$r_{k75℃} = r_{k\theta} \frac{234.5 + 75}{234.5 + \theta} \tag{1-9}$$

$$Z_{k75℃} = \sqrt{r_{k75℃}^2 + X_k^2} \tag{1-10}$$

式中，234.5 为铜导线的常数。若用铝导线，常数应改为 228。

计算短路电压（阻抗电压）百分数：

$$u_k = \frac{I_N Z_{k75℃}}{U_N} \times 100\% \tag{1-11}$$

$$u_{kr} = \frac{I_N r_{k75℃}}{U_N} \times 100\% \tag{1-12}$$

$$u_{kx} = \frac{I_N X_k}{U_N} \times 100\% \tag{1-13}$$

$I_k = I_N$ 时，短路损耗 $P_{kN} = I_N^2 r_{k75℃}$。

4. 利用空载和短路实验测定的参数，画出被试变压器折算到高压侧的 T 形等效电路（略）

5. 变压器的电压变化率 Δu

（1）绘出 $\cos \varphi_2 = 1$ 和 $\cos \varphi_2 = 0.8$ 两条外特性曲线 $U_2 = f(I_2)$。由特性曲线计算出 $I_2 = I_{2N}$ 时

的电压变化率

$$\Delta u = \frac{U_{20} - U_2}{U_{20}} \times 100\% \qquad (1-14)$$

（2）根据实验求出的参数，算出 $I_2 = I_{2N}$、$\cos \varphi_2 = 1$ 和 $I_2 = I_{2N}$、$\cos \varphi_2 = 0.8$ 时的电压变化率 Δu。

$$\Delta u = u_{kr} \cos \varphi_2 + u_{ks} \sin \varphi_2 \qquad (1-15)$$

将两种计算结果进行比较，并分析不同性质的负载对变压器输出电压 U_2 的影响。

6. 绘出被试变压器的效率特性曲线

（1）用间接法算出 $\cos \varphi_2 = 0.8$ 不同负载电流时的变压器效率，并记入表 1-6 中。

$$\eta = \left(1 - \frac{P_0 + I_2^{*2} P_{kN}}{P_2 + P_0 + I_2^{*2} P_{kN}} \right) \times 100\% \qquad (1-16)$$

式中，P_{kN} 为变压器 $I_k = I_N$ 时的短路损耗，W；P_0 为变压器 $U_0 = U_N$ 时的空载损耗，W。

$$I_2^* = I_2 / I_{2N} \qquad (1-17)$$

式中，I_2^* 为二次电流标幺值。

$$P_2 = I_2^* S_N \cos \varphi_2 \qquad (1-18)$$

表 1-6　变压器效率（$\cos \varphi_2 = 0.8$，$P_0 = $ ____ W，$P_{kN} = $ ____ W）

I_2^*	P_2/W	η
0.2		
0.4		
0.6		
0.8		
1.0		
1.2		

（2）由计算数据绘出变压器的效率曲线 $\eta = f(I_2^*)$。

（3）计算被试变压器 $\eta = \eta_{max}$ 时的负载系数 β_m。

$$\beta_m = \sqrt{\frac{P_0}{P_{kN}}} \qquad (1-19)$$

实验二　三相变压器联结组标号的测定

一、实验目的

(1)掌握用实验方法测定三相变压器的极性。
(2)掌握用实验方法判别变压器联结组的标号。

二、预习要点

(1)联结组标号的定义。为什么要研究联结组的标号?国家规定的标准联结组的标号有哪几种?
(2)如何把联结组的标号 Yd0 改成 Yy6 以及把联结组的标号 Yd11 改为 Yd5?

三、实验项目

1. 测定极性

2. 连接并判定以下联结组的标号

(1)Yy0;
(2)Yy6;
(3)Yd11;
(4)Yd5。

四、实验设备及控制屏上挂件排列顺序

1. 实验设备

本实验所用设备见表 2-1。

表 2-1　三相变压器联结组标号的测定的实验设备

序号	型号	名　称	数　量
1	DQ24	交流电压表	1件
2	DQ23	交流电流表	1件
3	DQ06	三相芯式变压器	1件

DQ06 三相芯式变压器高压、中压、低压,A、B、C 各相容量为 150 V·A,高压 $U_{N\varphi}$ = 127 V、$I_{N\varphi}$ = 0.394 A,中压 $U_{N\varphi}$ = 63.5 V、$I_{N\varphi}$ = 0.788 A,低压 $U_{N\varphi}$ = 36.7 V、$I_{N\varphi}$ = 1.36 A。本实验使用高压、低压绕组。

2. 屏上挂件排列顺序

DQ24、DQ23、DQ25、DQ06、DQ05、DQ31。

五、实验内容与步骤

1. 测定极性

1)测定相间极性
被测变压器选用三相芯式变压器 DQ06,用其中高压和低压两相绕组,额定容量 S_N =

150 V·A，$U_{1N}/U_{2N} = 220$ V/63.6 V，$I_{1N}/I_{2N} = 0.394$ A/1.36 A，Yy 接法。测得阻值大的为高压绕组，用 A、B、C、X、Y、Z 标记。低压绕组用 a、b、c、x、y、z 标记。

三相芯式变压器 DQ06 相电压与相电流额定值如下：高压绕组为 127 V，0.394 A；中压绕组为 63.5 V，0.788 A；低压绕组为 36.7 V，1.36 A。

(1) 按图 2-1 接线。A、X 接电源的 U、V 两端子，Y、Z 短接。

(2) 接通交流电源，在绕组 A、X 间施加约 50%$U_N = 110$ V 的电压。

(3) 用电压表测出电压 U_{BY}、U_{CZ}、U_{BC}，若 $U_{BC} = |U_{BY} - U_{CZ}|$，则首末端标记正确；若 $U_{BC} = |U_{BY} + U_{CZ}|$，则首末端标记不对。须将 B、C 两相任一相绕组的首末端标记对调。

(4) 用同样方法，将 B、C 两相中的任一相施加电压，另外两相末端相连，定出每相首、末端正确的标记。

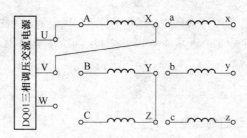

图 2-1   测定相间极性接线图

2) 测定一、二次绕组极性

(1) 暂时标出三相低压绕组的标记 a、b、c、x、y、z，然后按图 2-2 接线，一、二次绕组中点用导线相连。

(2) 高压三相绕组施加约 50% 的额定电压（110 V < 127 V = $U_{1N\varphi}$），用电压表测量电压 U_{AX}、U_{BY}、U_{CZ}、U_{ax}、U_{by}、U_{cz}、U_{Aa}、U_{Bb}、U_{Cc}，若 $U_{Aa} = U_{Ax} - U_{ax}$，则 A 相高、低压绕组同相，并且首端 A 与末端 a 为同极性；若 $U_{Aa} = U_{AX} + U_{ax}$，则 A 与 a 为异极性。

(3) 用同样的方法判别出 B、b，C、c 两相一、二次绕组的极性。

(4) 高低压三相绕组的极性确定后，根据要求连接出不同的联结组别或联结组标号。

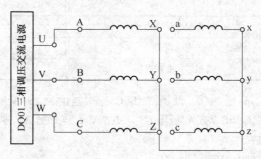

图 2-2   测定一、二次绕组极性接线图

2. 检验变压器联结组的标号

1) Yy0

按图 2-3 接线。A、a 两端点用导线连接，在高压侧施加三相对称的额定电压（线电压 220 V），测出 U_{AB}、U_{ab}、U_{Bb}、U_{Cc} 及 U_{Bc}，将数据记入表 2-2 中。

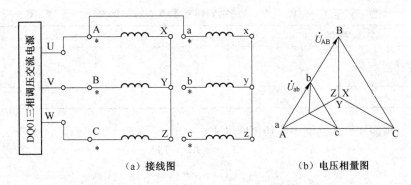

（a）接线图　　　　　　　　　（b）电压相量图

图 2-3　联结组的标号 Yy0

表 2-2　联结组的标号 Yy0 实验数据

实验数据					计算数据			
U_{AB}/V	U_{ab}/V	U_{Bb}/V	U_{Cc}/V	U_{Bc}/V	$K_L = \dfrac{U_{AB}}{U_{ab}}$	U_{Bb}/V	U_{Cc}/V	U_{Bc}/V

根据联结组的标号 Yy0 的电压相量图可知：

$$U_{Bb} = U_{Cc} = (K_L - 1)U_{ab} \tag{2-1}$$

$$U_{Bc} = U_{ab}\sqrt{K_L^2 - K_L + 1} \tag{2-2}$$

式中，K_L 为线电压之比。

$$K_L = \frac{U_{AB}}{U_{ab}} \tag{2-3}$$

若用式（2-1）、式（2-2）计算出的电压 U_{Bb}，U_{Cc}，U_{Bc} 的数值与实验测量的数值相同，则绕组连接正确，属联结组的标号 Yy0。

2）Yy6

将联结组的标号 Yy0 的二次绕组首、末端标记对调，A、a 两点用导线相连，如图 2-4 所示。

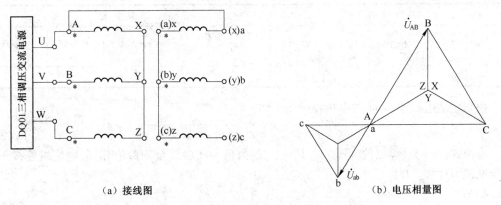

（a）接线图　　　　　　　　　（b）电压相量图

图 2-4　联结组的标号 Yy6

按前面方法测出电压 U_{AB}、U_{ab}、U_{Bb}、U_{Cc} 及 U_{Bc}，将数据记入表 2-3 中。

表 2-3 联结组的标号 Yy6 实验数据

实 验 数 据					计 算 数 据			
U_{AB}/V	U_{ab}/V	U_{Bb}/V	U_{Cc}/V	U_{Bc}/V	$K_L = \dfrac{U_{AB}}{U_{ab}}$	U_{Bb}/V	U_{Cc}/V	U_{Bc}/V

根据联结组的标号 Yy6 的电压相量图可知:

$$U_{Bb} = U_{Cc} = (K_L + 1) U_{ab} \tag{2-4}$$

$$U_{Bc} = U_{ab} \sqrt{(K_L^2 + K_L + 1)} \tag{2-5}$$

若用式(2-4)、式(2-5)计算出的电压 U_{Bb}、U_{Cc}、U_{Bc} 的数值与实验测量的数值相同,则绕组连接正确,属于联结组的标号 Yy6。

3) Yd11

按图 2-5 接线。A、a 两端点用导线相连,高压侧施加对称额定电压,测取 U_{AB}、U_{ab}、U_{Bb}、U_{Cc} 及 U_{Bc},将数据记入表 2-4 中。

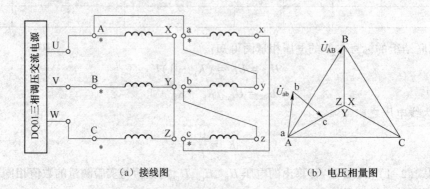

（a）接线图　　　　　　　　　　　（b）电压相量图

图 2-5 联结组的标号 Yd11

表 2-4 联结组的标号 Yd11 实验数据

实 验 数 据					计 算 数 据			
U_{AB}/V	U_{ab}/V	U_{Bb}/V	U_{Cc}/V	U_{Bc}/V	$K_L = \dfrac{U_{AB}}{U_{ab}}$	U_{Bb}/V	U_{Cc}/V	U_{Bc}/V

根据联结组标号 Yd11 的电压相量图可知:

$$U_{Bb} = U_{Cc} = U_{Bc} = U_{ab} \sqrt{K_L^2 - \sqrt{3} K_L + 1} \tag{2-6}$$

若由式(2-6)计算出的电压 U_{Bb}、U_{Cc}、U_{Bc} 的数值与实验测量的数值相同,则绕组连接正确,属于联结组标号 Yd11。

4) Yd5

将联结组的标号 Yd11 的二次绕组首、末端的标记对调,如图 2-6 所示。实验方法同前,测取 U_{AB}、U_{ab}、U_{Bb}、U_{Cc} 和 U_{Bc},将数据记入表 2-5 中。

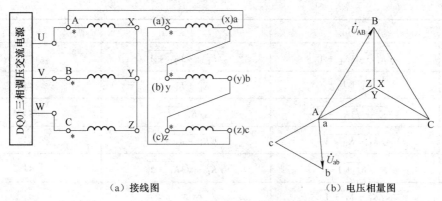

（a）接线图　　　　　　　　（b）电压相量图

图 2-6　联结组的标号 Yd5

表 2-5　联结组的标号 Yd5 实验数据

实 验 数 据					计 算 数 据			
U_{AB}/V	U_{ab}/V	U_{Bb}/V	U_{Cc}/V	U_{Bc}/V	$K_L = \dfrac{U_{AB}}{U_{ab}}$	U_{Bb}/V	U_{Cc}/V	U_{Bc}/V

根据联结组标号 Yd5 的电压相量图可知：

$$U_{Bb} = U_{Cc} = U_{Bc} = U_{ab}\sqrt{K_L^2 + \sqrt{3}K_L + 1} \tag{2-7}$$

若由式（2-7）计算出的电压 U_{Bb}、U_{Cc}、U_{Bc} 的数值与实验测量的数值相同，则绕组连接正确，属于联结组标号 Yd5。

六、注意事项

检验变压器联结组的标号的实验线路中必须把 A，a 连接在一起，但是注意这里的 a 与实际变压器中的 a 可能一致，也可能不一致（即可能实际变压器中的 x 被看成这里的 a）。

七、实验报告

计算出不同联结组的 U_{Bb}、U_{Cc}、U_{Bc} 的数值与实验测量的数值进行比较，并按表 2-6 所示公式判别绕组连接是否正确。

表 2-6　变压器联结组标号校核公式（设 $U_{ab} = 1$ V，$U_{AB} = K_L \times U_{ab} = K_L$）

组号	$U_{Bb} = U_{Cc}$	U_{Bc}	U_{Bc}/U_{Bb}
12	$K_L - 1$	$\sqrt{K_L^2 - K_L + 1}$	>1
1	$\sqrt{K_L^2 - \sqrt{3}K_L + 1}$	$\sqrt{K_L^2 + 1}$	>1
2	$\sqrt{K_L^2 - K_L + 1}$	$\sqrt{K_L^2 + K_L + 1}$	>1
3	$\sqrt{K_L^2 + 1}$	$\sqrt{K_L^2 + \sqrt{3}K_L + 1}$	>1
4	$\sqrt{K_L^2 + K_L + 1}$	$K_L + 1$	>1

续表

组号	$U_{Bb} = U_{Cc}$	U_{Bc}	U_{Bc}/U_{Bb}
5	$\sqrt{K_L^2 + \sqrt{3}K_L + 1}$	$\sqrt{K_L^2 + \sqrt{3}K_L + 1}$	$= 1$
6	$K_L + 1$	$\sqrt{K_L^2 + K_L + 1}$	< 1
7	$\sqrt{K_L^2 + \sqrt{3}K_L + 1}$	$\sqrt{K_L^2 + 1}$	< 1
8	$\sqrt{K_L^2 + K_L + 1}$	$\sqrt{K_L^2 - K_L + 1}$	< 1
9	$\sqrt{K_L^2 + 1}$	$\sqrt{K_L^2 - \sqrt{3}K_L + 1}$	< 1
10	$\sqrt{K_L^2 - K_L + 1}$	$K_L - 1$	< 1
11	$\sqrt{K_L^2 - \sqrt{3}K_L + 1}$	$\sqrt{K_L^2 - \sqrt{3}K_L + 1}$	$= 1$

实验三 三相变压器的不对称短路的研究

一、实验目的

(1)掌握不对称短路电压和电流的测定,以及变压器零序阻抗的测定。

(2)掌握三相变压器不同绕组连接法和不同铁芯结构对空载电流和电势波形的影响。

二、预习要点

(1)在不对称短路情况下,哪种连接的三相变压器电压中性点偏移较大?

(2)三相变压器绕组的连接法和磁路系统对空载电流和电势波形的影响。

三、实验项目

1. 不对称短路电压和电流的测定

(1) Yyn 单相短路;

(2) Yy 两相短路。

2. 测定 Yyn 连接的变压器零序阻抗

3. 观察不同连接法和不同铁芯结构对空载电流和电势波形的影响

四、实验设备及控制屏上挂件排列顺序

1. 实验设备

本实验所用设备见表3-1。

表 3-1 三相变压器的不对称短路的研究的实验设备

序号	型号	名　　称	数　　量
1	DQ24	交流电压表	1 件
2	DQ23	交流电流表	1 件
3	DQ25	单三相智能功率、功率因数表	1 件
4	DQ05	三相组式变压器	1 件
5	DQ06	三相芯式变压器	1 件
6	DQ31	波形测试及开关板	1 件
7		单踪示波器(另配)	1 台

2. 屏上挂件排列顺序

DQ24、DQ23、DQ25、DQ06、DQ05、DQ31。

五、实验内容与步骤

1. 不对称短路电压和电流的测定

1）Yyn 连接单相短路

（1）三相芯式变压器。按图 3-1 接线。被试变压器选用三相芯式变压器。将交流电压调到输出电压为零的位置，接通电源，逐渐增加外施电压，直至二次短路电流 $I_{2k} \approx I_{2N}$ 为止，测取二次短路电流 I_{2k} 和一次电流 I_A、I_B、I_C。将数据记入表 3-2 中。

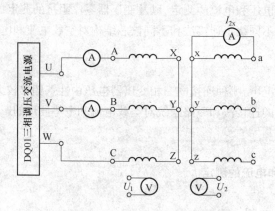

图 3-1　Yyn 连接单相短路接线图

表 3-2　三相芯式变压器 Yyn 连接单相短路实验数据

I_{2k}/A	I_A/A	I_B/A	I_C/A	U_a/V	U_b/V	U_c/V
U_A/V	U_B/V	U_C/V	U_{AB}/V	U_{BC}/V	U_{CA}/V	

（2）三相组式变压器。被测变压器改为三相组式变压器，接通电源，逐渐施加外加电压直至 $U_{AB} = U_{BC} = U_{CA} = 220$ V，测取二次短路电流和一次电流 I_A、I_B、I_C，将数据记入表 3-3 中。

表 3-3　三相组式变压器 Yyn 连接单相短路实验数据

I_{2k}/A	I_A/A	I_B/A	I_C/A	U_a/V	U_b/V	U_c/V
U_A/V	U_B/V	U_C/V	U_{AB}/V	U_{BC}/V	U_{CA}/V	

2）Yy 连接两相短路

（1）三相芯式变压器。按图 3-2 接线。将交流电源电压调至零位置。接通电源，逐渐增加外施电压，直至 $I_{2k} \approx I_{2N}$ 为止，测取变压器二次电流 I_{2k} 和一次电流 I_A、I_B、I_C，将数据记入表 3-4 中。

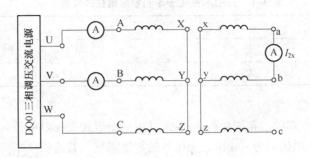

图 3-2　Yy 连接两相短路接线图

表 3-4　三相芯式变压器 Yy 连接两相短路实验数据

I_{2k}/A	I_A/A	I_B/A	I_C/A	U_a/V	U_b/V	U_c/V
U_A/V	U_B/V	U_C/V	U_{AB}/V	U_{BC}/V	U_{CA}/V	

（2）三相组式变压器。被测变压器改为三相组式变压器，重复上述实验，将数据记入表 3-5 中。

表 3-5　三相组式变压器 Yy 连接两相短路实验数据

I_{2k}/A	I_A/A	I_B/A	I_C/A	U_a/V	U_b/V	U_c/V
U_A/V	U_B/V	U_C/V	U_{AB}/V	U_{BC}/V	U_{CA}/V	

2. 变压器零序阻抗的测定

1）三相芯式变压器

按图 3-3 接线。三相芯式变压器的高压绕组开路，低压绕组首末端串联后接到电源。将电压调至零，接通交流电源，逐渐增加外施电压，在输入电流 $I_0 = 0.25I_N$ 和 $I_0 = 0.5I_N$ 的两种情况下，测取变压器的 I_0、U_0 和 P_0，将数据记入表 3-6 中。

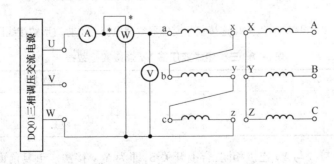

图 3-3　测零序阻抗接线图

表 3-6   三相芯式变压器测零序阻抗的实验数据

I_{0L}/A	U_{0L}/V	P_{0L}/W
$0.25I_N =$		
$0.5I_N =$		

2) 三相组式变压器

由于三相组式变压器的磁路彼此独立,因此可用三相组式变压器中任何一台单相变压器做空载实验,求取的励磁阻抗即为三相组式变压器的零序阻抗。若前面单相变压器空载实验已做过,则此实验可省略。

3. 观察三相芯式和组式变压器不同连接方法时空载电流和电势的波形

1) 三相组式变压器

(1) Yy 连接。按图 3-4 接线。三相组式变压器做 Yy 连接,把开关 S 打开(不接中性线)。接通电源后,调节输入电压使变压器在 $0.5U_N$ 和 U_N 两种情况下通过示波器观察空载电流 i_0,二次侧相电势 e_φ 和线电势 e_L 的波形(注:Y 接法 $U_N = 380$ V)。

在变压器输入电压为额定值时,用电压表测取一次侧线电压 U_{AB} 和相电压 U_{AX},将数据记入表 3-7 中。

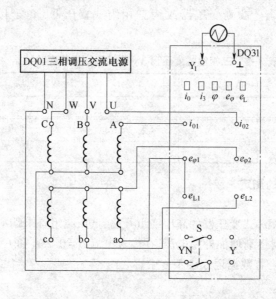

图 3-4   观察 Yy 和 YNy 连接三相变压器空载电流和电势波形的接线图

表 3-7   三相组式变压器 Yy 连接实验数据

实 验 数 据		计 算 数 据
U_{AB}/V	U_{AX}/V	U_{AB}/U_{AX}

(2) YNy 连接。接线与 Yy 连接相同,合上开关 S,即为 Y_0y 接法。重复前面实验步骤,观察 i_0、e_φ、e_L 波形,并在 $U_1 = U_N$ 时测取 U_{AB} 和 U_{AX},将数据记入表 3-8 中。

表 3-8　三相组式变压器 Y_0y 连接实验数据

实 验 数 据		计 算 数 据
U_{AB}/V	U_{AX}/V	U_{AB}/U_{AX}

（3）Yd 连接。按图 3-5 接线。开关 S 合向左边，使二次绕组不构成封闭三角形。接通电源，调节变压器输入电压至额定值，通过示波器观察一次侧空载电流 i_0，相电压 U_φ，二次侧开路电势 U_{az} 的波形，并用电压表测量二次侧线电压 U_{AB}、相电压 U_{AX} 以及二次侧开路电压 U_{az}，将数据记入表 3-9 中。

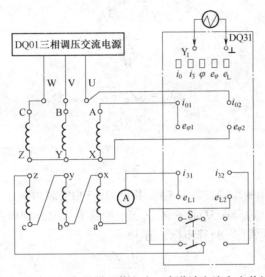

图 3-5　观察 Yd 连接三相变压器空载电流三次谐波电流和电势波形的接线图

表 3-9　三相组式变压器 Yd 连接实验数据

实 验 数 据			计 算 数 据
U_{AB}/V	U_{AX}/V	U_{az}/V	U_{AB}/U_{AX}

合上开关 S，使二次侧为三角形接法，重复前面的实验步骤，观察 i_0、U_φ 以及二次侧三角形回路中谐波电流的波形，并在 $U_1 = U_{1N}$ 时，测取 U_{AB}、U_{AX} 以及二次侧三角形回路中谐波电流，将数据记入表 3-10 中。

表 3-10　三相组式变压器 Yd 连接实验数据（二次侧为三角形接法）

实 验 数 据			计 算 数 据
U_{AB}/V	U_{AX}/V	I谐波/A	U_{AB}/U_{AX}

2）三相芯式变压器

重复前面（1）、（2）、（3）波形实验，将不同铁芯结构所得结果进行分析比较。

六、注意事项

不对称短路电压和电流的测定时,必须把交流电压调到输出电压为零的位置,接通电源,逐渐增加外施电压,直至二次短路电流 $I_{2k} \approx I_{2N}$ 为止,注意电流不能过大。

七、实验报告

1. 计算零序阻抗

Yyn 三相芯式变压器的零序参数由式(3-1)~式(3-5)求得:

$$Z_0 = \frac{U_{0\varphi}}{I_{0\varphi}} = \frac{U_{0L}}{\sqrt{3} I_{0L}} \tag{3-1}$$

$$r_0 = \frac{P_0}{3I_{0\varphi}^2} \tag{3-2}$$

$$X_0 = \sqrt{Z_0^2 - r_0^2} \tag{3-3}$$

$$U_{0\varphi} = \frac{U_{0L}}{\sqrt{3}} \tag{3-4}$$

$$I_{0\varphi} = I_{0L} \tag{3-5}$$

式中, $U_{0\varphi}$, $I_{0\varphi}$, P_0 分别表示变压器空载相电压、相电流、三相空载功率。

分别计算 $I_0 = 0.25I_N$ 和 $I_0 = 0.5I_N$ 时的 Z_0、r_0、X_0,取其平均值分别作为变压器的零序阻抗、电阻和电抗,并按式(3-6)~式(3-8)算出标幺值:

$$Z_0^* = \frac{I_{N\varphi} Z_0}{U_{N\varphi}} \tag{3-6}$$

$$r_0^* = \frac{I_{N\varphi} r_0}{U_{N\varphi}} \tag{3-7}$$

$$X_0^* = \frac{I_{N\varphi} X_0}{U_{N\varphi}} \tag{3-8}$$

式中, $I_{N\varphi}$ 和 $U_{N\varphi}$ 为变压器低压绕组的额定相电流和额定相电压。

2. 计算短路情况下的一次电流

(1)Yyn 单相短路:

二次电流 $\dot{I}_a = \dot{I}_{2k}$,$\dot{I}_b = \dot{I}_c = 0$ 一次电流设略去励磁电流不计,则

$$\dot{I}_A = -\frac{2\dot{I}_{2k}}{3k} \tag{3-9}$$

$$\dot{I}_B = \dot{I}_C = \frac{\dot{I}_{2k}}{3k} \tag{3-10}$$

式中,k 为变压器的电压比。

将 $\dot{I}_A$、$\dot{I}_B$、$\dot{I}_C$ 计算值与实测值进行比较,分析产生误差的原因,并讨论 Y/Y$_0$ 三相组式变压器带单相负载的能力以及中性点移动的原因。

（2）Yy 两相短路：

二次电流
$$\dot{I}_a = -\dot{I}_b = \dot{I}_{2k}, \dot{I}_c = 0$$

一次电流
$$\dot{I}_A = -\dot{I}_B = \frac{-\dot{I}_{2k}}{k}, \dot{I}_C = 0$$

把实测值与计算值进行比较，并做简要分析。

（3）分析不同连接法和不同铁芯结构对三相变压器空载电流和电势波形的影响。

（4）由实验数据算出 Yy 和 Yd 接法时的一次电压 U_{AB}/U_{AX} 比值，分析产生差别的原因。

（5）根据实验观察，说明三相组式变压器不宜采用 Yyn 和 Yy 连接方法的原因。

实验四　认识直流电机

一、实验目的

(1)认识在直流电机实验中所用的电机、仪表、变阻器等组件及使用方法。

(2)熟悉他励电动机(即并励电动机按他励方式)的接线、起动、改变电机转向与调速的方法。

二、预习要点

(1)如何正确选择和使用仪器、仪表。特别是电压表、电流表的量程。

(2)直流电动机起动时,为什么在电枢回路中需要串联起动变阻器?不串联会产生什么严重后果?

(3)直流电动机起动时,励磁回路串联的磁场变阻器应调至什么位置?为什么?若励磁回路断开,造成失磁时,会产生什么严重后果?

(4)直流电动机调速及改变转向的方法。

三、实验项目

(1)了解 DQ01 电源控制屏中的电枢电源、励磁电源、校正过的直流发电机、变阻器、多量程直流电压表、直流电流表及直流电动机的使用方法。

(2)用伏安法测直流电动机和直流发电机的电枢绕组的冷态电阻。

(3)他励直流电动机的起动、调速及改变转向。

四、实验设备及控制屏上挂件排列顺序

1. 实验设备

(1)本实验所用设备见表4-1。

表 4-1　认识直流电机的实验设备

序号	型 号	名 称	数 量
1	DQ03	导轨、测速发电机及转速表	1 台
2	DQ19	校正直流测功机	1 台
3	DQ09	并励直流电动机	1 台
4	DQ22A、DQ22B	直流数字电压表、毫安表、安培表	2 件
5	DQ27	三相可调电阻器	1 件
6	DQ26	三相可调电阻器	1 件
7	DQ29	可调电阻器	1 件
8	DQ31	波形测试及开关板	1 件
9	DQ34	转矩、转速、功率测试箱	1 件

（2）实验设备、仪器仪表及使用方法：

①DQ22 挂件——直流电压表、电流表。DQ22A 和 DQ22B 功能一样，由直流电压表、直流毫安表、直流安培表组成。

a. 用法：电压表并联在直流发电机（测功机）电枢绕组两端；毫安表串联在发电机励磁回路中；安培表串联在发电机电枢回路中。

b. 用途：用于测量直流发电机的电枢电压、电枢电流、励磁电流。

②DQ27 挂件——三相可调电阻器，可调电阻由 R_1、R_2、R_3 三相组成。DQ27 每相两个变阻器，以 R_1 为例的三种用法：当 R_1 接 A2、A1 两端为 1 800 Ω/0.41 A 的变阻器；A2 连接 A1 后 R_1 接 A3、A1 两端为 450 Ω/0.82 A 的变阻器；R_1 接 A2、X2 两端 900 Ω，A2、A3（或 X2、A3）两端分压/或 R_1 接 A1、X1 两端 900 Ω，A1、A3（或 X1、A3）两端分压构成900 Ω/0.41A 的分压器。变阻器调节方向与电阻手柄指向一致。另外，电阻值的大小也可通过万用表的电阻挡来确定。

③DQ26 挂件——三相可调电阻器，可调电阻由 R_1、R_2、R_3 三相组成。DQ26 每相电阻由两个 $I_N = 1.3$ A 的 90 Ω 滑线式变阻器组成。使用方法与 DQ27 完全相同。

④DQ29 挂件——可调电阻器：负载调节电阻与励磁调节电阻。电阻值为 185 Ω/0.9 A 的负载调节电阻，常串联在直流电动机的电枢回路，做起动、调速电阻。连接时，接 A2、X1（或 X2）插孔为 185 Ω 可调。其调节方向与电阻手柄指向一致。电阻值为 3 750 Ω/0.2 A 的励磁调节电阻，常串联在电动机励磁回路中，做励磁调节电阻。连接时，接 B1、B2 插孔为 3 750 Ω 可调。

⑤DQ34 挂件——转矩、转速、功率测试箱：

a. 用法：将测试箱上的转速输入接口用一根专用线接至电机导轨上的转速表接口。再将电枢电流 I_F 输入接口用专用线，串联到发电机的电枢回路中。注意：专用线的电流插头只有一个方向通，在接通负载开关 S 后，若发现发电机电枢回路无电流，可将专用线的两根电流插头调换后再接入电路使用。

b. 功能：能直接测出输出转矩、转速和输出功率。

⑥直流电动机–发电机机组、转速表、电机导轨：

a. 并励直流电动机：在电路图中用符号 M 表示。在电动机出线端引出了"电枢绕组"和"并励绕组"。DQ09 并励直流电动机铭牌数据：$P_N = 185$ W，$U_N = 220$ V，$I_N = 1.25$ A，$n_N = 1 500$ r/min，$I_{fN} < 0.16$ A。

b. 直流测功机：实际就是校正过的直流发电机。在电路图中用符号 MG 表示。当其与 DQ34 挂件配套使用时，可直接测出电动机的输出转矩。在发电机的出线端引出了"电枢绕组"和"励磁绕组"，是作为电动机负载使用的。DQ19 校正直流测功机铭牌数据：$P_N = 355$ W，$U_N = 220$ V，$U_{fN} = 220$ V，$I_N = 2.2$ A，$n_N = 1 500$ r/min，$I_{fN} < 0.16$ A。

c. 转速表：用于测量电机转速的数字式仪表。在电路图中用符号 TG 表示。与 DQ34 挂件上的转速表同步显示机组转速。若转速表显示"–"号，则表示机组转向反了，可通过调换电动机"励磁绕组"或"电枢绕组"两个端头的接线来纠正。

d. 电机导轨：用于固定电机机组和转速表。可根据实验项目选择，固定不同类型的电机。

2. 控制屏上挂件排列顺序

DQ22A、DQ27、DQ26、DQ31、DQ22B、DQ29。

五、实验内容与步骤

1. 用伏安法测电枢的直流电阻

（1）按图 4-1 接线，电阻 R 用 DQ29 上 3 750 Ω 和 185 Ω 相串联（将 3 750 Ω 电阻手柄置中间位置，185 Ω 调至最大值）。电流表选用 DQ22 直流毫安表，量程选用 2 000 mA 挡）；电压表可选用万用表测量；开关 S 选用 DQ31 挂箱。

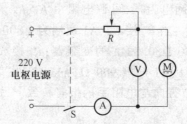

图 4-1　测电枢绕组直流电阻接线图

（2）经检查无误后接通电枢电源，并调至 220 V。调节 R 使电枢电流达到 0.2 A（如果电流太大，可能由于剩磁的作用使电动机旋转，测量无法进行；如果电流太小，可能由于接触电阻产生较大的误差），迅速测取电动机电枢两端电压 U 和电流 I。将电动机分别旋转（1/3）周、（2/3）周，同样测取 U、I 数据（3 组）列于表 4-2 中（为减少测量误差，测取电枢电压要用 20 V 小量程电压挡，可用万用表测量）。

（3）增大 R，使电流分别达到 0.15 A 和 0.1 A，用同样方法分别测取 3 组数据列于表 4-2 中。

表 4-2　测电枢绕组直流电阻的实验数据记录（室温_____℃）

电动机旋转位置	U_{ij}	I_{ij}	R_{aij}	R_{ai}	R_a/Ω	R_{aref}/Ω
$\dfrac{0}{3}$ 周	$U_{01}=$ 　V	$I_{01}=$ 　A	$R_{a01}=$ 　Ω	$R_{a0}=$ 　Ω		
	$U_{02}=$ 　V	$I_{02}=$ 　A	$R_{a02}=$ 　Ω			
	$U_{03}=$ 　V	$I_{03}=$ 　A	$R_{a03}=$ 　Ω			
$\dfrac{1}{3}$ 周	$U_{11}=$ 　V	$I_{11}=$ 　A	$R_{a11}=$ 　Ω	$R_{a1}=$ 　Ω		
	$U_{12}=$ 　V	$I_{12}=$ 　A	$R_{a12}=$ 　Ω			
	$U_{13}=$ 　V	$I_{13}=$ 　A	$R_{a13}=$ 　Ω			
$\dfrac{2}{3}$ 周	$U_{21}=$ 　V	$I_{21}=$ 　A	$R_{a21}=$ 　Ω	$R_{a2}=$ 　Ω		
	$U_{22}=$ 　V	$I_{22}=$ 　A	$R_{a22}=$ 　Ω			
	$U_{23}=$ 　V	$I_{23}=$ 　A	$R_{a23}=$ 　Ω			

表 4-2 中 U_{ij}、I_{ij}、R_{aij} 表示电动机分别旋转到 $(i/3)$ 周位置时测取的电动机第 j 组电枢两端电压、电枢电流和按 $R_{aij}=U_{ij}/I_{ij}$ 计算出的电动机第 j 组电枢电阻，其中在 $j=1,2,3$ 时，I_{ij} 分别应调节到 0.2 A、0.15 A、0.1 A；R_{ai} 表示电动机旋转到 $(i/3)$ 周位置时通过测量数据计算出的电动机电枢电阻，其中：$i=0,1,2$；$j=1,2,3$。

取 3 次测量的平均值作为实际冷态电阻值

$$R_a = \frac{1}{3}(R_{a0} + R_{a1} + R_{a2}) \tag{4-1}$$

式（4-1）中：

$$R_{a0} = \frac{1}{3}(R_{a01} + R_{a02} + R_{a03}),$$

$$R_{a1} = \frac{1}{3}(R_{a11} + R_{a12} + R_{a13}),$$

$$R_{a2} = \frac{1}{3}(R_{a21} + R_{a22} + R_{a23})。$$

(4)计算基准工作温度时的电枢电阻。由实验直接测得电枢绕组电阻值,此值为实际冷态电阻值。冷态温度为室温。

按下式换算到基准工作温度时的电枢绕组电阻值:

$$R_{aref} = R_a \frac{235 + \theta_{ref}}{235 + \theta_a} \qquad\qquad (4-2)$$

式中　R_{aref}——换算到基准工作温度时电枢绕组电阻,Ω;

　　　R_a——电枢绕组的实际冷态电阻,Ω;

　　　θ_{ref}——基准工作温度,对于 E 级绝缘为 75 ℃;

　　　θ_a——实际冷态时电枢绕组的温度,℃。

2. 直流仪表、转速表和变阻器的选择

直流仪表、转速表是根据电机的额定值和实验中可能达到的最大值来选择的;变阻器根据实验要求来选用,并按电流的大小选择串联、并联或串并联的接法。

(1)电压表量程的选择。如测量电动机两端为 220 V 的直流电压,选用直流电压表为 300 V 量程挡。

(2)电流表量程的选择。因为 DQ09 并励直流电动机的额定功率为 185 W、额定转速为 1 500 r/min、额定电枢电压为 220 V、额定励磁电压为 220 V、额定励磁电流小于 0.16 A、额定电流为 1.25 A,因此测量电枢电流的电流表 A3 可选用直流电流表的 5A 量程挡;电流表 A1 选用 200 mA 量程挡。

(3)转速表选择为正向偏转。

(4)变阻器的选择。变阻器选用的原则是根据实验中所需的阻值和流过变阻器最大的电流来确定。他励直流电动机 M 用 DQ09 的并励直流电动机(按他励方式接线);R_1 选用 DQ29 的 A2-X1 的 185 Ω/0.9 A 变阻器作为他励直流电动机的起动电阻,R_{f1} 用 DQ29 的 B2-B1 的 3 750 Ω/0.2 A 的变阻器作为他励直流电动机励磁回路串联的电阻;校正直流测功机 MG 实际输出功率小于电动机对其输入的功率,用 DQ27 的 A2-1800 Ω-A1 的 1 800 Ω/0.41 A 变阻器作为 MG 励磁回路串联的电阻,选用 DQ26 的 90 Ω 电阻 6 只串联的 540 Ω/1.3 A 电阻和 DQ27 的 B2-1800 Ω-B1 串联成 2 340 Ω/0.41 A 的变阻器作为 MG 的负载电阻 R_2;当 $I_F >$ 0.41 A 时,须把 1 800 Ω 调为零后用导线短接,然后只用 540 Ω/1.3 A 的变阻器作为 MG 的负载电阻 R_2。

3. 他励直流电动机的起动准备

按图 4-2 接线。图中直流电流表选用 DQ22A、DQ22B 两只挂件。接好线后,检查 M、MG 及 TG 之间是否用联轴器直接连接好。

4. 他励直流电动机的起动步骤

(1)检查按图 4-2 的接线是否正确,电表的极性、量程选择是否正确,电动机励磁回路接线是否牢靠；然后，将电动机电枢串联起动电阻 R_1、测功机 MG 的负载电阻 R_2；将 MG 的磁场回路电阻 R_{f2} 调到阻值最大位置，M 的磁场调节电阻 R_{f1} 调到最小位置，断开开关 S，并断开控制屏下方右边的电枢电源开关，做好起动准备。

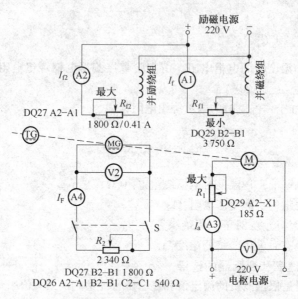

图 4-2　他励直流电动机接线图

注：本实验若需选择测取直流电动机输出转矩 T_2，应在测功机 MG 电枢回路中串入 DQ34 挂件，连接时应将测试箱上电枢电流 I_a 的两根出线端红色插头接入图 4-2 中 A4 表出线端，黑色插头接开关板 S 端。

（2）开启控制屏上的电源总开关，按下其上方的"开"按钮，接通其下方左边的励磁电源开关，观察电动机 M 及测功机 MG 的励磁电流，调节 R_{f2}，使 I_{f2} 等于校正值（100 mA）并保持不变，再接通控制屏右下方的电枢电源开关，使 M 起动。

（3）M 起动后，观察转速表的显示符号，应为正向偏转（若转速表显示为"–"号，应关断电枢电源和励磁电源，通过对调电动机的励磁绕组的两端头接线来纠正），同时调节控制屏上电枢电源"电压调节"旋钮，使电动机端电压为 220 V。逐步减小起动电阻 R_1 阻值，直至短接。

（4）合上校正直流测功机 MG 的负载开关 S，调节 R_2 的阻值，使 MG 的电枢电流 I_{aG}（或负载电流 I_F）改变，即直流电动机 M 的输出转矩 T_2 改变（可从转矩、转速、功率测试箱上直接测出电动机 M 不同的输出转矩 T_2 值）。

5. 调节他励电动机的转速

电动机的调速可通过 3 种方法来实现：改变电动机 M 在电枢回路中所串电阻 R_1 的阻值；改变电动机励磁电流；改变电源端电压，在保持电动机电枢电流（即 I_{aM}）不变的情况下实现转速变化。

（1）改变电枢回路串联电阻的恒转矩调速方法：电动机起动后，在电动机端电压 $U = 220$ V，起动电阻 R_1 调至零位，磁场电阻 R_{f1} 处于零位，测功机励磁电流 I_{f2} 为校正值 100 mA 的状态下，调节负载电阻 R_2，使 $I_{aM} = 1$ A，并须在整个实验过程中保持此值不变。然后逐次改变 R_1 电阻值，观察在不同电阻值下（各段电阻值可用万用表的欧姆挡来确定）所对应的转速变化并记录在表 4-3 中。从中可以发现，随着电动机电枢回路电阻的增加，电动机转速逐渐降低，且转速是在基速之下变化的。这就是改变电动机电枢回路串联电阻的恒转矩调速的性能特征。

表 4-3 电枢回路串联电阻的恒转矩调速实验数据记录($U = 220$ V, $I_{aM} = 1$ A, $I_f = I_{fN}$, $I_{f2} = 100$ mA)

R/Ω						
$n/(\text{r/min})$						

（2）改变励磁回路串联电阻的恒功率调速方法（弱磁调速）：在机组不停机的情况下，将起动电阻 R_1 调回零位，保持其他实验条件不变。逐步增大电动机励磁电阻 R_{f1} 的阻值（即减小励磁电流），电动机转速逐渐上升，直至 $n = 1.2n_N$ 为止。观察在不同励磁电流下所对应的转速变化并记录在表 4-4 中。从中可以发现，随着电动机励磁电流的减小（即电动机磁通减弱），电动机的转速逐渐上升，且电动机转速是在基速之上变化的。这就是改变电动机励磁回路串联电阻的恒功率调速的性能特征。

表 4-4 励磁回路串联电阻的恒功率调速实验数据记录($U = 220$ V, $R_1 = 0$, $I_{aM} = 1$ A, $I_{f2} = 100$ mA)

I_f/mA						
$n/(\text{r/min})$						

（3）改变电动机端电压的恒转矩调速方法：在机组不停机的情况下，将励磁电阻 R_{f1} 调回至电阻最小的位置，保持其他实验条件不变，调节电源端电压，使电源电压从 220 V 分段往下降，其间注意观察在不同电压下的转速变化并记录到表 4-5 中。从中可以发现：随着电压的下降，电动机的转速也随之下降。这就是改变电动机端电压的恒转矩调速的性能特征。

表 4-5 改变电动机端电压的恒转矩调速实验数据记录($I_{aM} = 1$ A, $R_1 = 0$, $I_f = I_{fN}$, $I_{f2} = 100$ mA)

U/V						
$n/(\text{r/min})$						

6. 他励电动机停机与反转

改变电动机的转向，将电枢串联起动变阻器 R_1 的阻值调回到最大值，先切断控制屏上的电枢电源开关，然后切断控制屏上的励磁电源开关，使他励电动机停机。在断电情况下，将电枢绕组（或励磁绕组）的两端接线对调后，再按他励电动机的起动步骤起动电动机，并观察电动机的转向及转速表显示符号的变化。

六、注意事项

（1）他励直流电动机起动时，须将励磁回路串联的电阻 R_{f1} 调至最小，先接通励磁电源，使励磁电流最大，同时必须将电枢串联起动电阻 R_1 调至最大，然后方可接通电枢电源，使电动机正常起动。起动后，将起动电阻 R_1 调至零，使电动机正常工作。

（2）他励直流电动机停机时，必须先切断电枢电源，然后断开励磁电源。同时必须将电枢串联的起动电阻 R_1 调回到最大值，励磁回路串联的电阻 R_{f1} 调回到最小值。为下次起动做好准备。

（3）测量前注意仪表的量程、极性及其接法，是否符合要求。

（4）若要测量电动机的转矩 T_2，必须将校正直流测功机 MG 的励磁电流调整到校正值 100 mA，然后可从转矩、转速、功率测试箱上直接测出电动机 M 的输出转矩。

（5）实验中，若使用 DQ34 转矩、转速、功率测试箱，要注意必须将测试箱上的红色插头串联在测功机电枢回路中电流表的出线端，黑色插头接 DQ31 开关板的 S 端。

（6）实验中,若须改接线路,必须先切断励磁电源,否则易损坏仪表。

七、实验报告

（1）画出他励直流电动机电枢串电阻起动的接线图。说明电动机起动时,起动电阻 R_1 和磁场调节电阻 R_fl 应调到什么位置？为什么？

（2）在电动机轻载及额定负载时,增大电枢回路的调节电阻,电动机的转速如何变化？增大励磁回路的调节电阻,转速又如何变化？

（3）用什么方法可以改变直流电动机的转向？

（4）为什么要求他励直流电动机磁场回路的接线要牢靠？为什么起动时电枢回路必须串联起动变阻器？

实验五　他励直流发电机的运行特性的研究

一、实验目的

掌握用实验方法测定他励直流发电机的各种运行特性,并根据所测得的运行特性评定该被试发电机的有关性能。

二、预习要点

(1)什么是发电机的运行特性？在求取直流发电机的特性曲线时,哪些物理量应保持不变,哪些物理量应测取。

(2)做空载特性实验时,励磁电流为什么必须保持单方向调节？

三、实验项目

1. 测空载特性

保持 $n = n_N$ 使 $I_L = 0$,测取 $U_0 = f(I_f)$。

2. 测外特性

保持 $n = n_N$ 使 $I_f = I_{fN}$,测取 $U = f(I_L)$。

3. 测调整特性

保持 $n = n_N$ 使 $U = U_N$,测取 $I_f = f(I_L)$。

四、实验设备及控制屏上挂件排列顺序

1. 实验设备

本实验所用设备见表 5-1。

表 5-1　他励直流发电机的运行特性的测定的实验设备

序号	型　号	名　　　称	数　量
1	DQ03	导轨、测速发电机及转速表	1 件
2	DQ19	校正直流测功机	1 件
3	DQ07	复励直流发电机	1 件
4	DQ22A、DQ22B	直流数字电压表、毫安表、安培表	2 件
5	DQ29	可调电阻器	1 件
6	DQ31	波形测试及开关板	1 件
7	DQ27	三相可调电阻器	1 件

2. 屏上挂件排列顺序

DQ22A、DQ29、DQ22B、DQ27、DQ31。

五、实验内容与步骤

按图 5-1 接线。图中直流发电机 G 选用 DQ07,其额定值 $P_N = 110$ W, $U_N = 200$ V, $I_N =$

0.55 A，$n_N = 1\ 500$ r/min。校正直流测功机 MG 作为 G 的原动机(按他励电动机接线)。MG、G 及 TG 由联轴器直接连接。开关 S 选用 DQ31 组件。R_{f1} 选用 DQ29 的 3 750 Ω 变阻器，R_{f2} 选用 DQ27 的 900 Ω 变阻器，并采用分压器接法。R_1 选用 DQ29 的 185 Ω 变阻器。R_2 为发电机的负载电阻选用 DQ27，采用串并联接法(900 Ω 与 900 Ω 电阻串联加上 900 Ω 与 900 Ω 电阻并联)，阻值为 2 250 Ω。当负载电流大于 0.4 A 时用并联部分，而将串联部分阻值调到最小并用导线短接。直流电流表、电压表选用 DQ22A、DQ22B 并选择合适的量程。

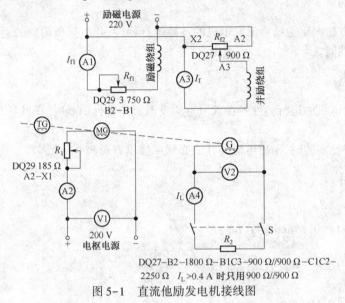

图 5-1　直流他励发电机接线图

1. 测空载特性

(1)把直流发电机 G 的负载开关 S 断开，接通控制屏上的励磁电源开关，将 R_{f2} 调至使 G 励磁电压为最小的位置。

(2)使 MG 电枢串联起动电阻 R_1 阻值最大，R_{f1} 阻值最小。仍先接通控制屏下方左边的励磁电源开关，在观察到 MG 的励磁电流为最大的条件下，再接通控制屏下方右边的电枢电源开关，起动直流电动机 MG，其旋转方向应符合正向旋转的要求。

(3)电动机 MG 起动，正常运转后，将 MG 电枢串联电阻 R_1 调至最小值，将 MG 的电枢电源电压调为 220 V，调节电动机磁场调节电阻 R_{f1}，使发电机转速达额定值，并在以后整个实验过程中始终保持此额定转速不变。

(4)调节发电机励磁分压电阻 R_{f2}，使发电机空载电压 $U_0 = 1.2U_N$ 为止。

(5)在保持 $n = n_N = 1\ 500$ r/min 条件下，从 $U_0 = 1.2U_N$ 开始，单方向调节分压器电阻 R_{f2} 使发电机励磁电流逐次减小，每次测取发电机的空载电压 U_0 和励磁电流 I_f，直至 $I_f = 0$(此时测得的电压即为发电机的剩磁电压)。

(6)测取数据时，$U_0 = U_N$ 和 $I_f = 0$ 两点必测，并在 $U_0 = U_N$ 附近测点应较密。

(7)共测取 8 组数据，记入表 5-2 中。

表 5-2　空载特性实验数据记录($n = n_N = 1\ 500$ r/min，$I_L = 0$)

U_0/V								
I_f/mA								

2. 测外特性

(1)把发电机负载电阻 R_2 调到最大值,合上负载开关S。

(2)同时调节电动机的磁场调节电阻 R_{f1},发电机的分压电阻 R_{f2} 和负载电阻 R_2 使发电机的负载电流 $I_L = I_N$, $U = U_N$, $n = n_N$,该点为发电机的额定运行点,其对应的励磁电流为额定励磁电流 I_{fN},记录该组数据。

(3)在保持 $n = n_N$ 和 $I_f = I_{fN}$ 不变的条件下,逐次增加负载电阻 R_2,即减小发电机负载电流 I_L,从额定负载到空载运行点范围内,每次测取发电机的电压 U 和电流 I_L,直到空载(断开开关S,此时 $I_L = 0$),共取 7 组数据,记入表 5-3 中。

表 5-3　外特性实验数据记录 ($n = n_N =$ ＿＿＿ r/min, $I_f = I_{fN} =$ ＿＿＿ mA)

U/V							
I_L/A							

3. 测调整特性

(1)调节发电机的分压电阻 R_{f2},保持 $n = n_N$,使发电机空载达额定电压。

(2)在保持发电机 $n = n_N$ 条件下,合上负载开关S,调节负载电阻 R_2,逐次增加发电机输出电流 I_L,同时相应调节发电机励磁电流 I_f,使发电机端电压保持额定值 $U = U_N$。

(3)从发电机的空载至额定负载范围内每次测取发电机的输出电流 I_L 和励磁电流 I_f,取6~7组数据记入表 5-4 中。

表 5-4　调整特性实验数据记录 ($n = n_N =$ ＿＿＿ r/min, $U = U_N =$ ＿＿＿ V)

I_L/A							
I_f/mA							

MG 停机时必须先切断电枢电源,然后断开励磁电源。

六、注意事项

(1)在发电机-电动机组成的机组中,当发电机负载增加时,机组的转速会降低,保持发电机的转速 $n = n_N$,应调大 MG 励磁回路中 R_f 阻值使得机组的转速 $n = n_N$。

(2)MG 起动时必须电枢串联大起动电阻(R_1 阻值最大),R_{f1} 阻值最小。在 MG 的励磁电流为最大的条件下,再接通控制屏下方右边的电枢电源开关,起动直流电动机 MG。

七、实验报告

(1)根据空载实验数据,画出空载特性曲线,由空载特性曲线计算出被试发电机的饱和系数和剩磁电压的百分数。

(2)在坐标纸上绘出他励直流发电机的外特性曲线。算出此种励磁方式的额定电压变化率 $\Delta u_N = \dfrac{U_0 - U_N}{U_N} \times 100\%$。

(3)绘出他励直流发电机调整特性曲线,分析在发电机转速不变的条件下,为什么负载增加时,要保持端电压不变,必须增加励磁电流。

实验六 测定并励直流发电机和复励直流发电机的外特性

一、实验目的

(1)通过实验观察并励直流发电机的自励过程和自励条件。
(2)掌握用实验方法测定并励直流发电机的外特性。
(3)掌握用实验方法测定积复励发电机外特性。

二、预习要点

(1)并励直流发电机的自励条件有哪些?当发电机不能自励时应如何处理?
(2)如何确定复励发电机是积复励还是差复励?

三、实验项目

1. 并励直流发电机实验

(1)观察自励过程。
(2)测外特性。保持 $n=n_N$,使 $R_{f2}=$常数,测取 $U=f(I_L)$。

2. 复励直流发电机实验

积复励发电机外特性。保持 $n=n_N$,使 $R_{f2}=$常数,测取 $U=f(I_L)$。

四、实验设备及控制屏上挂件排列顺序

1. 实验设备

本实验所用设备见表6-1。

表6-1 测定并励直流发电机和复励直流发电机的外特性的实验设备

序号	型号	名 称	数 量
1	DQ03	导轨、测速发电机及转速表	1件
2	DQ19	校正直流测功机	1件
3	DQ07	复励直流发电机	1件
4	DQ22A、DQ22B	直流数字电压表、毫安表、安培表	2件
5	DQ29	可调电阻器	1件
6	DQ31	波形测试及开关板	1件
7	DQ27	三相可调电阻器	1件

2. 屏上挂件排列顺序

DQ22A、DQ29、DQ22B、DQ27、DQ31。

五、实验内容与步骤

1. 并励直流发电机实验

1) 观察自励过程

(1) 接线如图 6-1 所示。R_{f2} 选用 DQ27 的 900 Ω 电阻两只相串联并调至最大阻值,断开开关 S。

(2) 在 R_1 阻值调至最大,R_{f1} 阻值调至最小,R_2 断开的条件下,合上励磁、电枢电源开关,起动电动机,调电动机的转速,使发电机的转速 $n = n_N$,用直流电压表测量发电机是否有剩磁电压,若无剩磁电压,可将并励绕组改接成他励方式进行充磁。

(3) 合上开关 S,逐渐减小 R_{f2},观察发电机电枢两端的电压,若电压逐渐上升,说明满足自励条件。如果不能自励建压,将励磁回路的两个端头对调连接即可。

(4) 对应着一定的励磁电阻,逐步降低发电机转速,使发电机电压随之下降,直至电压不能建立,此时的转速即为临界转速。

2) 测外特性

(1) 按图 6-1 接线。调节负载电阻 R_2 到最大,合上负载开关 S。

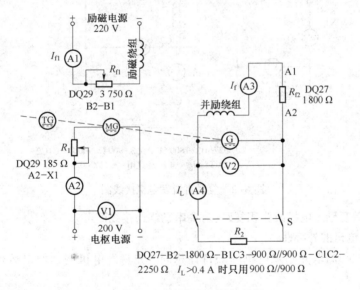

DQ27-B2-1800 Ω-B1C3-900 Ω//900 Ω-C1C2-2250 Ω $I_L > 0.4$ A 时只用 900 Ω//900 Ω

图 6-1 并励直流发电机接线图

(2) 调节电动机的磁场调节电阻 R_{f1}、发电机的磁场调节电阻 R_{f2} 和负载电阻 R_2,使发电机的转速、输出电压和电流三者均达额定值,即 $n = n_N$,$U = U_N$,$I_L = I_N$。

(3) 保持此时 R_{f2} 的值和 $n = n_N$ 不变,逐次减小负载,直至 $I_L = 0$,从额定到空载运行范围内每次测取发电机的电压 U 和电流 I_L。

(4) 共取 7 组数据,记入表 6-2 中。

表 6-2 并励直流发电机外特性实验数据记录表($n = n_N =$ ____ r/min, $R_{f2} =$ 常值)

U/V							
I_L/A							

2. 复励直流发电机实验

1)积复励和差复励的判别

(1)接线图如图6-2所示，R_{f2}选用 DQ27 的 1 800 Ω 电阻，C1、C2 为串励绕组。

(2)合上开关 S1 将串励绕组短接，使发电机处于并励状态运行，按上述并励发电机外特性实验方法，调节发电机输出电流 $I_L = 0.5I_N$。

(3)打开短路开关 S1，在保持发电机 n、R_{f2} 和 R_2 不变的条件下，观察发电机端电压的变化，若此时电压升高则为积复励，若电压降低则为差复励。

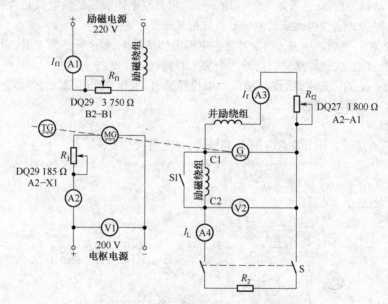

DQ27−B2−1800 Ω−B1C3 −900 Ω//900 Ω−C1C2−
2250 Ω　$I_L > 0.4$ A 时只用 900 Ω//900 Ω

图6-2　复励直流发电机接线图

(4)如要把差复励发电机改为积复励，对调串励绕组接线即可。

2)积复励发电机的外特性

(1)实验方法与测取并励发电机的外特性相同。先将发电机调到额定运行点，$n = n_N$，$U = U_N$，$I_L = I_N$。

(2)保持此时的 R_{f2} 和 $n = n_N$ 不变，逐次减小发电机负载电流，直至 $I_L = 0$。

(3)从额定负载到空载范围内，每次测取发电机的电压 U 和电流 I_L，共取 7 组数据，记入表6-3中。

表6-3　复励直流发电机外特性实验数据记录($n = n_N = $____ r/min，$R_{f2} =$ 常数)

U/V							
I_L/A							

六、注意事项

(1)直流电动机 MG 起动时，要注意须将 R_1 调到最大，R_{f1} 调到最小，先接通励磁电源，观察到

励磁电流 I_{fl} 为最大后,接通电枢电源,MG 起动运转。起动完毕,应将 R_1 调到最小。

（2）做外特性时,当电流超过 0.4 A 时,R_2 中串联的电阻调至零并用导线短接,以免电流过大引起变阻器损坏。

七、实验报告

在同一坐标纸上绘出并励和复励直流发电机的两条外特性曲线。分别算出两种励磁方式的电压变化率 $\Delta u_N = \dfrac{U_0 - U_N}{U_N} \times 100\%$,并分析差异原因。

实验七 测定并励直流电动机运行特性和调速特性

一、实验目的

(1)掌握用实验方法测取并励直流电动机的运行特性(工作特性和机械特性)。
(2)掌握并励直流电动机的调速方法。

二、预习要点

(1)什么是直流电动机的工作特性和机械特性?
(2)直流电动机调速原理是什么?

三、实验项目

1. 工作特性和机械特性

保持 $U=U_N$ 和 $I_f=I_{fN}$ 不变,测取 n、T_2、$\eta=f(I_a)$、$n=f(T)$。

2. 调速特性

(1)改变电枢电压调速。保持 $U=U_N$,$I_f=I_{fN}=$ 常数,$T_e=$ 常数(即 I_a 不变),测取 $n=f(U)$。
(2)改变励磁电流调速。保持 $U=U_N$,$T_e\Omega=$ 常数(即 I_a 不变),测取 $n=f(I_f)$。

3. 能耗制动

四、实验设备及控制屏上挂件排列顺序

1. 实验设备

本实验所用设备见表7-1。

表7-1 测定并励直流电动机运行特性和调速特性的实验设备

序号	型 号	名 称	数量
1	DQ03	导轨、测速发电机及转速表	1件
2	DQ19	校正直流测功机	1件
3	DQ09	直流并励电动机	1件
4	DQ22A、DQ22B	直流数字电压表、毫安表、电流表	2件
5	DQ27	三相可调电阻器	1件
6	DQ29	可调电阻器	1件
7	DQ31	波形测试及开关板	1件
8	DQ34	转矩、转速、功率测试箱	1件

2. 屏上挂件排列顺序

DQ22A、DQ27、DQ31、DQ22B、DQ29、DQ34。

五、实验内容与步骤

1. 并励直流电动机的工作特性和机械特性

（1）按图7-1接线。校正直流测功机 MG 按他励发电机连接，在此作为直流电动机 M 的负载，用于测量电动机的转矩和输出功率。R_{f1} 选用 DQ29 的 3 750 Ω 阻值。R_{f2} 选用 DQ27 的 900 Ω 串联 900 Ω 共 1 800 Ω 阻值。R_1 选用 DQ29 的 185 Ω 阻值。R_2 选用 DQ27 的 900 Ω 串联 900 Ω 再加 900 Ω 并联 900 Ω 共 2 250 Ω 阻值。

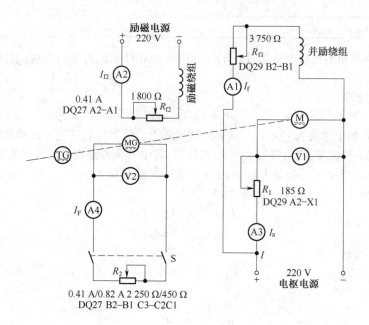

图 7-1　并励直流电动机接线图

注：本实验若需测取电动机输出转矩 T_2，应在 MG 电枢回路中串入 DQ34 挂件，连接时将测试箱上的电枢电流 I_a 的两根出线端红色插头接入图 7-1 中 A4 表出线端，黑色插头接开关板 S 端。

（2）断开开关 S，将并励直流电动机 M 的磁场调节电阻 R_{f1} 调至最小值，电枢串联起动电阻 R_1 调至最大值，负载电阻 R_2 调至最大值，接通控制屏左下方的励磁电源，再接通控制屏右下方的电枢电源开关使其起动，其旋转方向应符合转速表正向旋转的要求。

（3）M 起动正常后，将其电枢串联电阻 R_1 调至零，调节电枢电源的电压为 220 V，调节校正直流测功机的励磁电流 I_{f2} 为校正值（100 mA），再调节其负载电阻 R_2 和电动机的磁场调节电阻 R_{f1}，使电动机工作在额定运行点，即 $U = U_N$，$I = I_N$，$n = n_N$。此时 M 的励磁电流 I_f 即为额定励磁电流 I_{fN}。

（4）保持 $U = U_N$，$I_f = I_{fN}$，I_{f2} 为校正值（100 mA）不变的条件下，逐次减小电动机负载。测取电动机电枢输入电流 I_a、转速 n 和电动机的输出转矩 T_2。共取数据 10 组，记入表 7-2 中。

表 7-2　测取并励直流电动机的运行特性的实验数据（$U = U_N = $ ____ V，$I_f = I_{fN} = $ ____ mA，$I_{f2} = $ ____ mA ）

实验数据	I_a/A								
	$n/(\text{r/min})$								
	$T_2/(\text{N·m})$								
计算数据	P_2/W								
	P_1/W								
	η								
	$T_e/(\text{N·m})$								
	Δn								

　　注意：校正测功机的负载电流超过 0.41 A 须把 1 800 Ω 电阻用导线短接。计算数据的相关公式如下：

　　电动机输出功率

$$P_2 = 2\pi n T_2 / 60$$

式中，输出转矩 T_2 的单位为 N·m（T_2 可从转矩测试箱上直接测得）；转速 n 的单位为 r/min。

　　如果 T_2 不能直接测量，则可以按 $T_2 = T - T_0$ 计算，式中 T_0 为并励直流电动机的空载损耗转矩，须把校正直流测功机撤除后测量并励直流电动机的空载数据 $I_{a0} = $ ____ A，$n_0' = $ ____ r/min，按式（7-1）计算，即

$$T_0 = \frac{E_{a0} I_{a0}}{\Omega_0'} = \frac{U_N I_{a0} - I_{a0}^2 R_a}{2\pi n_0'/60} \tag{7-1}$$

　　电动机输入功率：

$$P_1 = U(I_a + I_{fN}) \tag{7-2}$$

　　电动机效率：

$$\eta = \frac{P_2}{P_1} \times 100\% \tag{7-3}$$

　　电动机电磁转矩：

$$T_e = \frac{U_a I_a - I_a^2 R_a}{2\pi n/60} \tag{7-4}$$

式中，电磁转矩 T_e 的单位为 N·m；转速 n 的单位为 r/min；U_a 的单位为 V；I_a 的单位为 A，R_a 的单位为 Ω，R_a 的数值取实验四中实测值。

　　由工作特性求出转速变化率：

$$\Delta n = \frac{n_0 - n_N}{n_N} \times 100\% \tag{7-5}$$

　　2. 调速特性

　　（1）改变电枢回路串联电阻的恒转矩调速方法：电动机起动后，在电动机端电压 $U = 220$ V，起动电阻 R_1 调至零位，磁场电阻 R_{f1} 处于零位，测功机励磁电流 I_{f2} 为校正值 100 mA 的状态下，调节负载电阻 R_2，使 $I_{aM} = 1$ A，并须在整个实验过程中保持此值不变。然后逐次改变 R_1 电阻值，观察在不同电阻值下（各段电阻值可用万用表的欧姆挡来确定）所对应的转速变化并记录到表 7-3 中。从中可以发现，随着电动机电枢回路电阻的增加，电动机转速逐渐降低，且转速是在基速之下变化的。这就是改变电枢回路串联电阻的恒转矩调速的性能特征。

表 7-3 电枢回路串联电阻的恒转矩调速实验数据记录($U = 220\ \text{V}, I_a = 0.8\ \text{A}, I_f = I_{fN}, I_{f2} = 100\ \text{mA}$)

R/Ω							
$n/(\text{r/min})$							

（2）改变励磁回路串联电阻的恒功率调速方法（弱磁调速）：在机组不停机的情况下，将起动电阻 R_1 调回零位，保持其他实验条件不变。逐步增大电动机励磁电阻 R_{f1} 的阻值（即减小励磁电流），电动机转速逐渐上升，直至 $n = 1.2n_N$ 为止。观察在不同励磁电流下所对应的转速变化并记录在表 7-4 中，从中可以发现，随着电动机励磁电流的减小（即电动机磁通减弱），电动机的转速逐渐上升，且电动机转速是在基速之上变化的。这就是改变电动机励磁回路串联电阻的恒功率调速的性能特征。

表 7-4 励磁回路串联电阻的恒功率调速实验数据记录($U = 220\ \text{V}, R_1 = 0, I_a = 0.8\ \text{A}, I_{f2} = 100\ \text{mA}$)

I_f/mA							
$n/(\text{r/min})$							

六、注意事项

直流电动机 M 起动时，要注意须将 R_1 调到最大，R_{f1} 调到最小。起动完毕，应将 R_1 调到最小。

七、实验报告

（1）由表 7-2 计算出 P_2 和 η，并给出 n、T_e、$\eta = f(I_a)$ 及 $n = f(T_e)$ 的特性曲线。

（2）绘出并励直流电动机调速特性曲线 $n = f(U_a)$ 和 $n = f(I_f)$。

（3）回答以下问题：

①并励直流电动机的转速特性 $n = f(I_a)$ 为什么是略微下降？是否会出现上翘现象？为什么？上翘的转速特性对电动机运行有何影响？

②当电动机的负载转矩和励磁电流不变时，减小电枢端电压，为什么会引起电动机转速降低？

③当电动机的负载转矩和电枢端电压不变时，减小励磁电流会引起转速的升高，为什么？

④并励电动机在负载运行中，当磁场回路断线时是否一定会出现"飞车"，为什么？

实验八　测定三相异步电动机的工作特性

一、实验目的

(1)掌握三相异步电动机的空载和负载实验的方法。
(2)用直接负载法测取三相异步电动机的工作特性。

二、预习要点

(1)异步电动机的工作特性指哪些特性?
(2)如何用空载和负载实验的方法求异步电动机的铁耗和机械损耗?
(3)工作特性的测定方法。

三、实验项目

(1)测量定子绕组的冷态电阻。
(2)判定定子绕组的首末端。
(3)空载实验。
(4)负载实验。

四、实验设备及控制屏上挂件排列顺序

1. 实验设备

本实验所用设备见表 8-1。

表 8-1　测定三相异步电动机的工作特性的实验设备

序　号	型　号	名　　称	数量
1	DQ03	导轨、测速发电机及转速表	1 件
2	DQ19	校正过的直流电机	1 件
3	DQ20/ DQ11	三相笼形/绕线转子异步电动机	1 件
4	DQ24	交流电压表	1 件
5	DQ23	交流电流表	1 件
6	DQ25	单三相智能功率、功率因数表	1 件
7	DQ22	直流电压表、毫安表、安培表	1 件
8	DQ27	三相可调电阻器	1 件

序　号	型　号	名　　称	数量
9	DQ31	波形测试及开关板	1件
10	DQ34	智能转矩、转速、功率测试箱	1件

2. 屏上挂件排列顺序

DQ24、DQ23、DQ25、DQ22、DQ27、DQ31、DQ34

DQ20 三相笼形异步电动机的 $P_N = 180$ W，$n_N = 1\,430$ r/min，$U_N = 220$ V（△接法）、$I_N = 1.14$ A（$I_{N\varphi} = 0.66$ A）。

DQ11 三相绕线转子异步电动机的铭牌数据：$P_N = 120$ W、$n_N = 1\,380$ r/min、$U_N = 220$ V（丫接法）、$I_N = 0.85$ A。

五、实验内容与步骤

1. 伏安法测量定子绕组的冷态直流电阻

将电动机在室内放置一段时间，用温度计测量电动机绕组端部或铁芯的温度。当所测温度与冷却介质温度之差不超过 2 K 时，即为实际冷态。记录此时的温度和测量定子绕组的直流电阻，此阻值即为冷态直流电阻。

测量线路图如图 8-1 所示。直流电源用主控屏上电枢电源，先调到 50 V。开关 S1、S2 选用 DQ31 挂箱，R 用 DQ27 挂箱上 1 800 Ω 可调电阻。

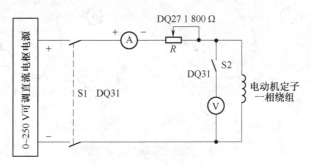

图 8-1　三相交流绕组电阻测定

量程的选择：若选用三相笼形异步电动机进行实验，则三相笼形异步电动机 $I_N = 1.14$ A（$I_{N\varphi} = 0.66$ A），测量时通过的测量电流应小于额定电流的 20%，即应当小于 132 mA，取 100 mA，因而直流电流表的量程用 200 mA 挡。三相笼形异步电动机定子一相绕组的电阻约为 50 Ω，因而当流过的电流为 100 mA 时，两端电压约为 5 V，所以直流电压表量程用 20 V 挡。若选用三相绕线转子异步电动机进行实验，则三相绕线转子异步电动机 $I_{N\varphi} = I_N = 0.85$ A，测量时通过的测量电流应小于额定电流的 20%，即应当小于 170 mA，取 150 mA，三相绕线转子异步电动机的定子一相绕组的电阻约为 14 Ω，因而当流过的电流为 150 mA 时，两端电压约为 2.1 V，所以直流电压表量程用 20 V 挡。

按图 8-1 接线。把 R 调至最大位置，合上开关 S1，调节直流电源及 R 阻值使实验电流不超过电动机额定电流的 20%，以防因实验电流过大而引起绕组的温度上升。先读取电流值，再接通开关 S2 读取电压值。读完后,先断开开关 S2,再断开开关 S1。

调节 R 使电流表Ⓐ分别为 100 mA、80 mA、60 mA 测取三次,取其平均值,测量三相笼形异步电动机定子三相绕组的电阻值,或者调节 R 使电流表Ⓐ分别为 150 mA、120 mA,100 mA 测取三次,取其平均值,测量三相绕线转子异步电动机定子三相绕组的电阻值,记入表 8-2 中。

表 8-2　定子三相绕组的电阻值的测量数据记录表(室温＿＿＿℃)

测量值或计算值	绕组	绕组 Ⅰ	绕组 Ⅱ	绕组 Ⅲ
测量值	I/mA			
	U/V			
计算值	r_1/Ω			

2. 判定定子绕组的首末端

先用万用表测出各相绕组的两个端子,将其中的任意两相绕组串联,如图 8-2 所示。将控制屏左侧调压器旋钮调至零位,开启电源总开关,按下"开"按钮,接通交流电源。调节调压旋钮,并在绕组端施以单相低电压 $U = 80 \sim 100$ V,注意电流不应超过额定值,测出第三相绕组的电压,若测得的电压值有一定读数,表示两相绕组的末端与首端相连,如图 8-2(a)所示;反之,若测得电压近似为零,则两相绕组的末端与末端(或首端与首端)相连,如图 8-2(b)所示。用同样方法测出第三相绕组的首末端。

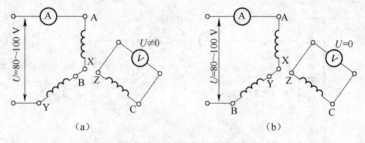

图 8-2　三相交流绕组首末端测定

3. 空载实验求异步电动机的铁耗和机械损耗

(1)按图 8-3 接线。若选用三相笼形异步电动机进行实验,电动机绕组为△接法($U_N = 220$ V),直接与测速发电机同轴连接,负载电动机 DQ19 不接。若选用三相绕线转子异步电动机进行实验,电动机绕组Y接法($U_N = 220$ V),转子外接电阻为零,直接与测速发电机同轴连接,负载电动机 DQ19 不接。

(2)把交流调压器调至电压最小位置,接通电源,逐渐升高电压,使电动机启动旋转,观察电动机旋转方向。并使电动机旋转方向符合要求(如转向不符合要求需调整相序时,必须切断电源)。

(3)保持电动机在额定电压下空载运行数分钟,使机械损耗达到稳定后再进行实验。

(4)调节电压由 1.2 倍额定电压即 264 V 开始逐渐降低电压,直至 0.3 倍额定电压,即 66 V 左右,并且转子转速无明显下降(或电流或功率无明显显著增大)为止。在这个范围内读取空载电压、空载电流、空载功率。

(5)测取空载实验数据时,首先在额定电压(220 V)处测取空载电流、空载功率,然后在转子转速无明显下降的前提下,在(4/5)倍额定电压(即 176 V)、(2/3)倍额定电压(即 146.7 V)处测取空载电流、空载功率并记入表 8-3 中。

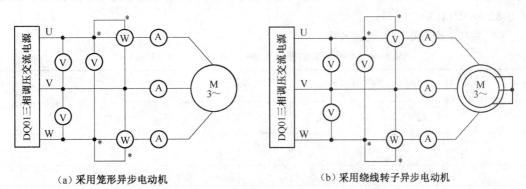

(a)采用笼形异步电动机　　　　　　　　(b)采用绕线转子异步电动机

图 8-3　三相异步电动机的空载实验接线图

表 8-3　空载实验数据记录表

序号	U_{0L}/V				I_{0L}/A				P_0/W			n_0 /(r/min)
	U_{AB}	U_{BC}	U_{CA}	U_{0L}	I_A	I_B	I_C	I_{0L}	P_I	P_{II}	P_0	
1												
2												
3												

4. 负载实验

(1)三相笼形异步电动机的负载实验接线图如图 8-4 所示。同轴连接负载电动机。图中 R_f 用 DQ27 上 1 800 Ω 阻值,R_L 用 DQ27 上 1 800 Ω 阻值加上 900 Ω 并联 900 Ω 共 2 250 Ω。若选用三相绕线转子异步电动机进行负载实验,把转子外接电阻调节为零其余接线与图 8-4 一致。

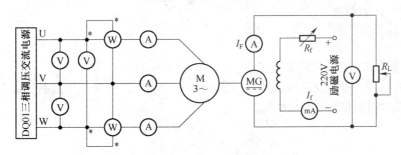

图 8-4　三相异步电动机负载实验接线图

(2)合上交流电源,调节调压器使之逐渐升压至额定电压并保持不变。

(3)合上校正过的直流电动机的励磁电源,调节励磁电流至校正值(100 mA)并保持不变。

(4)调节负载电阻 R_L(注:先调节 1 800 Ω 电阻,调至零值后用导线短接再调节 450 Ω 电阻),使异步电动机的定子电流逐渐上升,直至电流上升到额定电流。然后,逐渐减小负载直至空载,在满载到空载范围内读取异步电动机的定子电流、输入功率、转速等数据。注意观察直流电动机的负载电流 I_F,超过 0.41 A 时要把 1 800 Ω 调至最小后用导线短接,只用 900 Ω∥900 Ω 的 0.82 A/450 Ω 的变阻器。

(5)共取 9 组数据记入表 8-4 中。

表 8-4　负载实验数据记录表($U_N = 220$ V, $I_f = 100$ mA)

序号	I_{1L}/A				P_1/W			$n/(r/min)$
	I_A	I_B	I_C	I_{1L}	P_I	P_{II}	P_1	
1								
2								
3								
4								
5								
6								
7								
8								
9								

六、注意事项

伏安法测量定子绕组的冷态直流电阻时,电动机的转子须静止不动。测量通电时间不应超过 1 min。

七、实验报告

1. 计算基准工作温度时的相电阻

由实验直接测得每相电阻值,此值为实际冷态电阻值。冷态温度为室温。按式(8-1)换算到基准工作温度时的定子绕组相电阻:

$$r_{1\mathrm{ref}} = r_{1c} \frac{235 + \theta_{\mathrm{ref}}}{235 + \theta_c} \tag{8-1}$$

式中　$r_{1\mathrm{ref}}$——换算到基准工作温度时定子绕组的相电阻,Ω;

r_{1c}——定子绕组的实际冷态相电阻,Ω;

θ_{ref}——基准工作温度,对于 E 级绝缘为 75 ℃;

θ_c——实际冷态时定子绕组的温度,℃。

2. 由空载数据求异步电动机的铁耗和机械损耗

铁耗和机械损耗之和为

$$P_0 - 3I_{0\varphi}^2 r_1 = p_{Fe} + p_\Omega$$

为了分离铁耗和机械损耗,作曲线 $P_0 - 3I_{0\varphi}^2 r_1 = p_{Fe} + p_\Omega = f(U^2)$,如图 8-5 所示。

延长曲线的直线部分与纵轴相交于 k 点,k 点的纵坐标即为电动机的机械损耗 $p_\Omega = \Omega T_0$,过 k 点作平行于横轴的直线,可得不同电压时的铁耗 p_{Fe}。

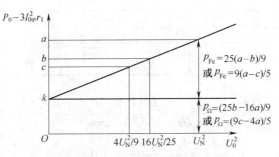

图 8-5 电动机中铁耗和机械损耗

若在额定电压时测取空载电流、空载功率,计算得 $P_0 - 3I_{0\varphi}^2 r_1 = p_{Fe} + p_\Omega = a$;如果转子转速无明显下降(或电流或功率无明显显著增大),在 4/5 倍额定电压时测取空载电流、空载功率,计算得 $P_0 - 3I_{0\varphi}^2 r_1 = p_{Fe} + p_\Omega = b$,在 2/3 倍额定电压时测取空载电流、空载功率,计算得 $P_0 - 3I_{0\varphi}^2 r_1 = p_{Fe} + p_\Omega = c$,则异步电动机中机械损耗和额定电压时铁耗可以按以下公式计算确定:

$$p_\Omega = (25b - 16a)/9$$
$$p_{Fe} = 25(a - b)/9$$

或者

$$p_\Omega = (9c - 4a)/5$$
$$p_{Fe} = 9(a - c)/5$$

3. 画工作特性曲线 n、T_e、I_1、$\cos\varphi$、$\eta = f(P_2)$

由负载实验数据计算工作特性,填入表 8-5 中。

表 8-5 负载实验数据计算工作特性的计算表($U_N = 220$ V,$I_f = 100$ mA)

序号	负载实验数据			计算值					
	I_{1L}/A	P_1/W	$n/(r/min)$	$T_2/(N \cdot m)$	P_2/W	$T_e/(N \cdot m)$	$I_{1\varphi}/A$	$\cos\varphi$	η
1									
2									
3									
4									
5									

序号	负载实验数据			计 算 值					
	I_{1L}/A	P_1/W	$n/(r/min)$	$T_2/(N\cdot m)$	P_2/W	$T_e/(N\cdot m)$	$I_{1\varphi}/A$	$\cos\varphi$	η
6									
7									
8									
9									

计算公式：

$$T_e = \frac{P_e}{2\pi n_s/60} = \frac{60(P_1 - 3I_{1\varphi}^2 r_1 - p_{Fe})}{2\pi n_s}$$

$$I_{1\varphi} = \frac{I_{1L}}{\sqrt{3}} = \frac{I_A + I_B + I_C}{3\sqrt{3}}\ (\triangle 接法)$$

$$I_{1\varphi} = I_{1L} = \frac{I_A + I_B + I_C}{3}\ (\text{Y}接法)$$

$$\cos\varphi = \frac{P_1}{3U_{1\varphi}I_{1\varphi}}$$

$$P_2 = \frac{2\pi n T_2}{60}$$

式中，$T_2 = T_e - T_0$，而 $T_0 = \dfrac{60 p_\Omega}{2\pi n_0'}$（$n_0'$ 是 $U_N = 220\ V$ 的空载实验时的转速）。

$$\eta = \frac{P_2}{P_1}$$

根据表 8-5，画工作特性曲线 n、T_e、I_1、$\cos\varphi$、$\eta = f(P_2)$。

4. 由损耗分析法求额定负载时的效率

电动机的损耗有：

铁耗：p_{Fe}；

机械损耗：p_Ω；

定子铜耗：$p_{Cu1} = 3I_{1\varphi}^2 r_1$；

转子铜耗：$p_{Cu2} = sP_e$；

杂散损耗 $p_\triangle$：取为额定负载时输入功率的 0.5%。

$$P_e = P_1 - p_{Cu1} - p_{Fe}$$

式中，P_e 为电磁功率，W。

电动机的总损耗为

$$\sum p = p_{Fe} + p_{Cu1} + p_{Cu2} + p_\triangle + p_\Omega$$

额定负载时的效率为

$$\eta = \frac{P_1 - \sum p}{P_1} \times 100\%$$

式中,额定负载时的 P_1 以及额定负载时用 $p_{Cu2} = sP_e$ 、$p_{Cu1} = 3I_{1\varphi}^2 r_1$ 计算 p_{Cu2} 、p_{Cu1} 时涉及的 s 、I_1 由工作特性曲线上对应于 P_2 为额定功率 P_N 时查得。

5. **问答以下问题**

(1)由空载实验数据求异步电动机的铁耗和机械损耗时,有哪些因素会引起误差?

(2)由直接负载法测得的电动机效率和用损耗分析法求得的电动机效率各有哪些因素会引起误差?

实验九 三相异步电动机的起动与调速

一、实验目的

掌握三相异步电动机的起动和调速的方法。

二、预习要点

(1)异步电动机有哪些起动方法和起动技术指标。
(2)异步电动机的调速方法。

三、实验项目

(1)直接起动。
(2)星形-三角形(Y-△)换接起动。
(3)自耦变压器起动。
(4)绕线转子异步电动机转子绕组串入可调电阻器起动。
(5)绕线转子异步电动机转子绕组串入可调电阻器调速。

四、实验设备及控制屏上挂件排列顺序

1. 实验设备

本实验所用设备见表9-1。

表9-1 三相异步电动机的起动与调速的实验设备

序号	型号	名 称	数量
1	DQ03	导轨、测速发电机及转速表	1件
2	DQ20	三相笼形异步电动机	1件
3	DQ11	三相绕线转子异步电动机	1件
4	DQ19	校正直流测功机	1件
5	DQ22	直流数字电压表、毫安表、安培表	1件
6	DQ23	交流电流表	1件
7	DQ24	交流电压表	1件
8	DQ28	三相可调电抗器	1件
9	DQ27	三相可调电阻器	1件
10	DQ26	三相可调电阻器	1件
11	DQ31	波形测试及开关板	1件
12	DQ12	起动与调速电阻箱	1件
13	DQ34	转矩、转速、功率测试箱	1件

DQ20 三相笼形异步电机的铭牌数据:$P_N = 180$ W、$n_N = 1\ 430$ r/min、$U_N = 220$ V($\triangle$)、$I_N = 1.14$ A ($I_{N\varphi} = 0.66$ A)。

DQ11 三相绕线转子异步电动机的铭牌数据:$P_N = 120$ W、$n_N = 1\ 380$ r/min、$U_N = 220$ V($\curlyvee$)、$I_N = 0.85$ A。

2. 屏上挂件排列顺序

DQ24、DQ23、DQ31、DQ22、DQ28、DQ34。

五、实验内容与步骤

1. 三相笼形异步电动机直接起动

(1) 按图9-1接线。电动机绕组为三角形接法。异步电动机直接与测速发电机同轴连接,不连接负载电动机DQ19。

(2) 把交流调压器退到零位,开启电源总开关,按下"开"按钮,接通三相交流电源。

(3) 调节调压器,使输出电压达电动机额定电压 220 V,使电动机起动旋转,观察转向,要求为顺时针旋转。(如电动机旋转方向不符合要求,需调整相序时,必须按下"关"按钮,切断三相交流电源)。

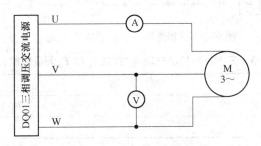

图9-1 异步电动机直接起动接线图

(4) 再按下"关"按钮,断开三相交流电源,待电动机停止旋转后,给电动机轴伸端装上圆盘和手柄(注:圆盘直径 D 为 10 cm)。按下"开"按钮,接通三相交流电源,使电动机在堵转情况下全压起动,观察并记录电动机起动瞬间电流。

(5) 断开电源开关,将调压器退到零位,电动机轴伸端装上支架和弹簧秤。

(6) 合上开关,调节调压器,使输出电压达电动机额定电压 220 V,记录转矩值 T_{st}(圆盘半径 $D/2$ 乘以弹簧秤力 F),实验时通电时间不应超过 30 s,以免绕组过热。将电动机起动电流 I_{st} 和起动转矩 T_{st} 填入表9-2中。

表9-2 三相笼形异步电动机直接起动 I_{st} 和 T_{st} 数据记录

测 量 值	
I_{st}/A	$T_{st}/(N \cdot m)$

表9-2中的 T_{st} 可按下式进行计算:

$$T_{st} = F \times \frac{D}{2}$$

式中,$D/2$ 表示圆盘半径,单位是 m;F 表示弹簧秤力,单位是 N;T_{st} 表示起动转矩,单位是N·m。

2. 星形-三角形(Y-△)换接起动

(1)按图9-2接线。线接好后把调压器退到零位。

(2) 三刀双掷开关合向右边(Y接法)。合上电源开关,逐渐调节调压器使升压至电动机额定电压220 V,观察电动机转向应为顺时针旋转,断开电源开关,待电动机停转。

(3)合上电源开关,观察起动瞬间电流,然后把S合向左边,使电动机(△)正常运行,整个起动过程结束。观察起动瞬间电流表的显示值(取数字表显示最大值)以与其他起动方法作定性比较。

(4)断开电源开关,(Y接法)给电动机轴伸端装上圆盘、手柄和支架、弹簧秤,使电动机在堵转情况下作全压起动。实验时,通电时间不要超过30 s,以免绕组过热。测取和记录电动机起动电流 I_{st} 和起动转矩 T_{st} 填入表9-3中。

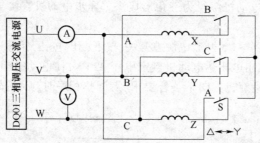

图9-2 三相笼形异步电动机Y-△起动

表9-3 三相笼形异步电动机Y接法 I_{st} 和 T_{st} 测量数据记录

测 量 值	
I_{st}/A	$T_{st}/(N \cdot m)$

3. 自耦变压器起动

(1)按图9-3接线。电动机绕组为三角形接法。

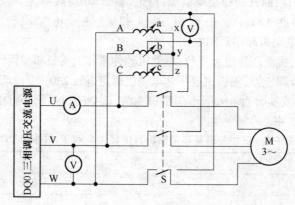

图9-3 三相笼形异步电动机自耦变压器起动

(2)三相调压器退到零位,开关S合向左边。自耦变压器选用DQ28挂箱。

(3)合上电源开关,调节控制屏上三相调压器,使输出电压达电动机额定电压220 V,断开电源开关,待电动机停转。

(4)开关S合向右边,合上电源开关,使电动机由自耦变压器降压起动(自耦变压器抽头输出电压分别为电源相电压的 40%、60% 和 80%,电源相电压应分别在自耦变压器可调输出端 ax、by、cz 测取)并经一定时间再把 S 合向左边,使电动机按额定电压正常运行,整个起动过程结束。观察起动瞬间电流以作定性的比较。

(5)给电动机轴伸端装上圆盘、手柄和支架、弹簧秤,使电动机在堵转情况下起动,实验时,通电时间不要超过 30 s,以免绕组过热。分别测取自耦变压器在相电压为 50 V、80 V、110 V 时的起动电流 I_{st} 和起动转矩 T_{st} 填入表 9-4 中。

表 9-4 三相笼形异步电动机自耦变压器起动 I_{st} 和 T_{st} 测量数据记录

自耦变压器的相电压 /V	测 量 值	
	I_{st}/A	T_{st}/(N·m)
50		
80		
110		

4. 绕线转子异步电动机转子绕组串入可调电阻器起动

(1)按图 9-4 接线。电动机定子绕组为 Y 接法。

(2)转子每相串入的电阻可用 DQ12 起动与调速电阻器。

(3)调压器退到零位,电动机轴伸端装上圆盘和弹簧秤。

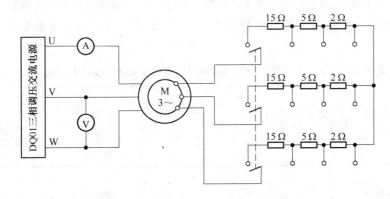

图 9-4 绕线转子异步电动机转子绕组串入可调电阻器起动

(4)接通交流电源,调节输出电压(观察电动机转向应符合要求),在定子电压为 220 V,转子绕组分别串入不同电阻值时,测取定子起动电流 I_{st} 和起动转矩 T_{st}。

(5)实验时,通电时间不要超过 30 s,以免绕组过热。将数据记入表 9-5 中。

表 9-5 绕线转子异步电动机转子绕组串入可调电阻器起动测量数据记录

R_{st}/Ω	0	2	5	15
F/N				
I_{st}/A				
T_{st}/(N·m)				

5. 绕线转子异步电动机转子绕组串入可调电阻器调速

(1)按图 9-5 接线。同轴连接校正直流测功机 MG 作为绕线转子异步电动机 M 的负载。将

M 的转子起动调速电阻调至最大。

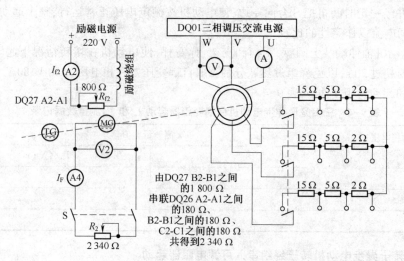

图 9-5　绕线转子异步电动机转子绕组串入可调电阻器调速

（2）合上电源开关，电动机空载起动，保持调压器的输出电压为电动机额定电压 220 V，转子起动调速电阻调至零。

（3）调节校正测功机的励磁电流 I_f 为校正值（100 mA），再调节直流发电机负载电流，改变转子起动调速电阻（每相起动调速电阻分别为 0 Ω、2 Ω、5 Ω、15 Ω），测量相应的转速记入表 9-6 中。

表 9-6　转子串入可调电阻器调速测量数据记录（$U = 220$ V，$I_f = 100$ mA）

I_F/mA	500				400				300				0			
r_Ω/Ω	0	2	5	15	0	2	5	15	0	2	5	15	0	2	5	15
n/(r/min)																

六、注意事项

（1）电动机在直接起动、Y-△换接起动和自耦变压器起动时，因电动机起动过程太快，数字表上无法准确反映出起动瞬间电流，因此在实验时可采用给电动机加额定电压，在电动机堵转条件下测试电动机起动电流。

（2）作自耦变压器起动时，应事先用万用表分别测定自耦变压器的输出相电压。

七、实验报告

（1）比较异步电动机不同起动方法的优缺点。

（2）由起动实验数据求下述 3 种情况下的起动电流和起动转矩：

①外施额定电压 U_N（直接起动）。

②外施电压为 $U_N/\sqrt{3}$（Y-△换接起动）。

③外施电压为 U_k/K_A，K_A 为起动用自耦变压器的电压比（自耦变压器起动）。

（3）绕线转子异步电动机转子绕组串入可调电阻对起动电流和起动转矩的影响。

（4）绕线转子异步电动机转子绕组串入可调电阻对电动机转速的影响。

（5）回答以下问题：

起动电流和外施电压成正比，起动转矩和外施电压的二次方成正比在什么情况下才能成立？

实验十　测定单相电容起动异步电动机的技术指标和参数

一、实验目的

用实验方法测定单相电容起动异步电动机的技术指标和参数。

二、预习要点

(1)单相电容起动异步电动机有哪些技术指标和参数？
(2)这些技术指标和参数怎样测定？

三、实验项目

(1)测量定子主、副绕组的实际冷态电阻。
(2)空载实验、短路实验、负载实验。

四、实验设备及控制屏上挂件排列顺序

1. 实验设备

本实验所用设备见表 10-1。

表 10-1　测定单相电容起动异步电动机的技术指标和参数的实验设备

序　号	型　号	名　　　称	数量
1	DQ03	导轨、测速发电机及转速表	1 件
2	DQ19	校正直流测功机	1 件
3	DQ15	单相电容起动异步电动机	1 件
4	DQ22	直流数字电压表、毫安表、安培表	1 件
5	DQ23	交流电流表	1 件
6	DQ24	交流电压表	1 件
7	DQ25	单三相智能功率、功率因数表	1 件
8	DQ27	三相可调电阻器	1 件
9	DQ29	可调电阻器	1 件

2. 屏上挂件排列顺序

DQ24、DQ23、DQ25、DQ22、DQ27、DQ29。

五、实验内容与步骤

1. 分别测量定子主、副绕组的实际冷态电阻

测量图与图 8-1 相同,采用实验八中同样的测量方法进行测定,记录当时室温,将数据记入表 10-2 中。

表 10-2　定子主、副绕组的实际冷态电阻测量数据记录表(室温_____ ℃)

项目	主绕组			副绕组	
I/mA					
U/V					
R/Ω					

2. 空载实验、短路实验、负载实验

按图 10-1 接线,起动电容 C 选用 35 μF 电容。注意:图中离心开关装在电动机内。

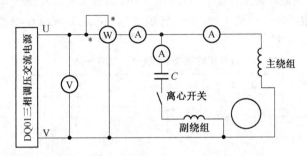

图 10-1　单相电容起动异步电动机接线图

(1)调节调压器让电动机降压空载起动,在额定电压下空载运转使机械损耗达到稳定。

(2)从 1.1 倍额定电压开始逐步降低直至可能达到的最低电压值,即功率和电流出现回升时为止,其间测取电压 U_0、电流 I_0、功率 P_0 数据 8 组,记入表 10-3 中。

表 10-3　空载实验数据记录

项目	1	2	3	4	5	6	7	8
U_0/V								
I_0/A								
P_0/W								
$\cos \varphi_0$								

(3)在做短路实验时,合上交流电源,升压至 0.95~1.02 U_N,再逐次降压至短路电流接近额定电流为止。

(4)共测取 U_k、I_k、F、T_k 等数据 6~8 组记入表 10-4 中。

表 10-4　短路实验数据记录

项目	1	2	3	4	5	6
U_k/V						
I_k/A						
F/N						
T_k/(N · m)						

注意:测取每组读数时,通电持续时间不应超过 5 s,以免绕组过热。

(5)转子绕组等值电阻的测定。将 M 的副绕组脱开,主绕组加低电压,使绕组中的电流等于额定值,测取电压 U_{k0}、电流 I_{k0} 及功率 P_{k0},将数据记入表 10-5 中。

表 10-5　转子绕组等值电阻的测定实验数据记录

U_{k0}/V	I_{k0}/A	P_{k0}/W	r_2'/Ω

（6）在负载实验时，负载电阻选用 DQ27 上 1 800 Ω 加上 900 Ω 并联 900 Ω 共 2 250 Ω 阻值。电动机 M 和校正直流测功机 MG 同轴连接（MG 的接线参照图 4-2 左侧图），接通交流电源，升高电压至 U_N 并保持不变。

（7）保持 MG 的励磁电流 I_f 为规定值，再调节 MG 的负载电流 I_F，使电动机在 1.1~0.25 倍额定功率范围内测取定子电流 I、输入功率 P_1、转矩 T_2、转速 n，共测取 6~8 组数据，其中额定点必测，将数据记入表 10-6 中。

表 10-6　负载实验数据记录（$U_N = 220$ V, $I_f = $_____mA）

项目	1	2	3	4	5	6	7	8
I/A								
P_1/W								
I_F/A								
$n/(r/min)$								
$T_2/(N \cdot m)$								
P_2/W								
$\cos \varphi$								
$S/\%$								
$\eta/\%$								

六、注意事项

在做短路实验时测取每组读数时，通电持续时间不应超过 5 s，以免绕组过热。

七、实验报告

1. 由实验数据计算出电动机参数

（1）由空载实验数据计算参数 Z_0、X_0、$\cos \varphi_0$：

空载阻抗

$$Z_0 = U_0/I_0$$

式中　U_0——对应于额定电压值时的空载实验电压，V；

　　　I_0——对应于额定电压值时的空载实验电流，A。

空载电抗

$$X_0 = Z_0 \sin \varphi_0$$

式中　φ_0——空载实验对应于额定电压值时电压和电流的相位差 [可由 $\cos\varphi_0 = P_0/(U_0 I_0)$ 求得 φ_0]。

（2）由短路实验数据计算 r_2'、$X_{1\sigma}$、$X_{2\sigma}'$、X_m：

短路阻抗

$$Z_{k0} = U_{k0}/I_{k0}$$

转子绕组等效电阻

$$r'_2 = \frac{P_{k0}}{I_{k0}^2} - r_1$$

式中　r_1——定子主绕组电阻。

定、转子漏抗

$$X_{1\sigma} \approx X'_{2\sigma} \approx 0.5 Z_{k0} \sin \varphi_{k0}$$

式中　φ_{k0}——实验电压 U_{k0} 和电流 I_{k0} 的相位差 [可由 $\cos \varphi_{k0} = P_{k0}/(U_{k0} I_{k0})$ 求得 φ_{k0}]。

（3）励磁电抗：

$$X_m = 2(X_0 - X_{1\sigma} - 0.5 X'_{2\sigma})$$

式中　$X_{1\sigma}$ ——定子漏抗，Ω；

$X'_{2\sigma}$ ——转子漏抗，Ω。

2. 由负载实验计算出电动机工作特性 [P_1、I_1、η、$\cos \varphi$、$S = f(P_2)$]

3. 算出电动机的起动技术数据

4. 确定电容参数

5. 回答以下问题

（1）由电动机参数计算出电动机工作特性和实测数据是否有差异？是由哪些因素造成的？

（2）电容参数该怎样确定？电容怎样选配？

实验十一　测定三相同步电动机的 V 形曲线与工作特性

一、实验目的

(1)掌握三相同步电动机的异步起动方法。
(2)掌握三相同步电动机的 V 形曲线。
(3)掌握三相同步电动机的工作特性。

二、预习要点

(1)三相同步电动机异步起动的原理及操作步骤。
(2)三相同步电动机的 V 形曲线是怎样的？怎样作为无功发电机(调相机)使用？
(3)三相同步电动机的工作特性怎样？怎样测取？

三、实验项目

(1)三相同步电动机的异步起动。
(2)测取三相同步电动机输出功率 $P_2 \approx 0$ 时的 V 形曲线。
(3)测取三相同步电动机输出功率 $P_2 = 0.5$ 倍额定功率时的 V 形曲线。
(4)测取三相同步电动机的工作特性。

四、实验设备及控制屏上挂件排列顺序

1. 实验设备

本实验所用设备见表 11-1。

表 11-1　测定三相同步电动机的 V 形曲线与工作特性的实验设备

序号	型号	名　称	数量
1	DQ03	导轨、测速发电机及转速表	1件
2	DQ19	校正直流测功机	1件
3	DQ14	三相凸极式同步电动机	1件
4	DQ23	交流电流表	1件
5	DQ24	交流电压表	1件
6	DQ25	单三相智能功率、功率因数表	1件
7	DQ22	直流数字电压表、毫安表、安培表	2件
8	DQ26	三相可调电阻器	1件
9	DQ27	三相可调电阻器	1件
10	DQ31	波形测试及开关板	1件
11	DQ34	转矩、转速、功率测试箱	1件

2. 屏上挂件排列顺序

DQ22、DQ27、DQ23、DQ24、DQ25、DQ26、DQ31、DQ22、DQ34。

五、实验内容与步骤

1. 三相同步电动机的异步起动

(1)按图 11-1 接线。其中 R 的阻值为同步电动机 MS 励磁绕组电阻的 10 倍(约 90 Ω),选用 DQ26 上 1.3 A/90 Ω 固定电阻(比如 A2-90 Ω-X2 或 A1-90 Ω-X1)。R_f 选用 DQ26 上 90 Ω 串联 90 Ω 加上 90 Ω 并联 90 Ω 共 225 Ω 阻值。R_{f1} 选用 DQ27 上 900 Ω 串联 900 Ω 共 1 800 Ω 阻值并调至最小。R_2 选用 DQ27 上 900 Ω 串联 900 Ω 加上 900 Ω 并联 900 Ω 共 2 250 Ω 阻值并调至最大。MS 为 DQ14(丫接法,额定电压 $U_N=220$ V)。

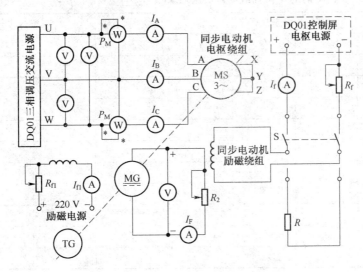

图 11-1　三相同步电动机实验接线图

注意:实验中若需测取输出转矩,可在 MG 电枢回路中串入 DQ34 挂件,DQ34 挂件接线:将测试箱上的转速输入接口用一根专用线接至电动机导轨上的转速表接口。再将电枢电流输入接口用专用线串接到发电机的电枢回路中去。专用线的电流插头只有一个方向通,在接通负载开关 S 后,若发现发电机电枢回路无电流,可将专用线的两根电流插头调换后再接入电路使用。可直接测出输出转矩、转速和输出功率。

(2)将开关 S 闭合于直流电枢励磁电源一侧(图 11-1 中为上端),将控制屏左侧调压器旋钮向逆时针方向旋转至零位。接通电源总开关,并按下"开"按钮。调节励磁电源调压旋钮及 R_f 阻值(同步电动机励磁电源由直流电枢电源提供),使同步电动机励磁电流 I_f 约 0.7 A。

(3)把开关 S 闭合于 R 电阻一侧(图 11-1 中为下端),向顺时针方向旋转调压器旋钮,使升压至同步电动机额定电压 220 V,观察电动机旋转方向,若不符合,则应调整相序使电动机旋转方向符合要求。

(4)当转速接近同步转速 1 500 r/min 时,把开关 S 迅速从下端切换到上端,让同步电动机励磁绕组加直流励磁而强制拉入同步运行,异步起动同步电动机的整个起动过程完毕。

2. 测取三相同步电动机输出功率 $P_2 \approx 0$ 时的 V 形曲线

(1)同步电动机空载(轴端不连接校正直流测功机 DQ19)按上述方法起动同步电动机。

(2)调节同步电动机的励磁电流 I_f 并使 I_f 增加,这时同步电动机的定子三相电流 I 亦随之增加直至达额定值,记录定子三相电流 I 和相应的励磁电流 I_f、输入功率 P_1。

(3)调节 I_f,使 I_f 逐渐减小,这时 I 亦随之减小直至最小值,记录这时 MS 的定子三相电流 I、励磁电流 I_f 及输入功率 P_1。

(4)继续减小同步电动机的励磁电流 I_f,直到同步电动机的定子三相电流反向增大达额定值。

(5)在过励和欠励范围内读取数据 10 组,并记入表 11-2 中。

表 11-2 $P_2 \approx 0$ 时的 V 形曲线测量数据记录($n =$ _____ r/min,$U =$ _____ V,$P_2 \approx 0$)

序号	定子三相电流 I/A				励磁电流 I_f/A	输入功率 P_1/W		
	I_A	I_B	I_C	I	I_f	P_{I}	P_{II}	P_1
1								
2								
3								
4								
5								
6								
7								
8								
9								
10								

表 11-2 中: $I = (I_A + I_B + I_C)/3$,$P_1 = P_{\text{I}} + P_{\text{II}}$。

3. 测取三相同步电动机输出功率 $P_2 \approx 0.5$ 倍额定功率时的 V 形曲线

(1)同轴连接校正直流测功机 MG(按他励发电机接线)作 MS 的负载。

(2)按异步起动方法起动同步电动机,保持直流电动机的励磁电流为规定值(100 mA),改变直流电动机负载电阻 R_2 的大小,使同步电动机输出功率 P_2 改变。直至同步电动机输出功率接近于 0.5 倍额定功率且保持不变。

输出功率按下式计算:

$$P_2 = 0.105 n T_2$$

式中 n——电动机转速,r/min;

T_2——由 DQ34 转矩、转速、功率测试箱直接测出输出转矩,N·m。

(3)调节同步电动机的励磁电流 I_f 使 I_f 增加,这时同步电动机的定子三相电流 I 亦随之增加,直到同步电动机达额定电流,记录定子三相电流 I 和相应的励磁电流 I_f、输入功率 P_1。

(4)调节 I_f,使 I_f 逐渐减小,这时 I 亦随之减小直至最小值,记录这时的定子三相电流 I、励磁电流 I_f、输入功率 P_1。

(5)继续调小 I_f,这时同步电动机的定子电流 I 反向增大直到额定值。

(6)在过励和欠励范围内读取数据 10 组,并记入表 11-3 中。

表 11-3　$P_2 \approx 0.5$ 倍额定功率时的 V 形曲线测量数据记录（$n =$ ____ r/min, $U =$ ____ V, $P_2 \approx 0.5 P_N$）

序号	定子三相电流 I/A				励磁电流 I_f/A	输入功率 P_1/W		
	I_A	I_B	I_C	I	I_f	P_I	P_{II}	P_1
1								
2								
3								
4								
5								
6								
7								
8								
9								
10								

表 11-3 中：$I = (I_A + I_B + I_C)/3, P_1 = P_I + P_{II}$。

4. 测取三相同步电动机的工作特性

（1）按异步起动方法起动同步电动机。

（2）调节直流发电机的励磁电流为规定值并保持不变。

（3）调节直流发电机的负载电流 I_F，同时调节同步电动机的励磁电流 I_f，使同步电动机输出功率 P_2 达额定值及功率因数为 1。

（4）保持此时同步电动机的励磁电流 I_f 恒定不变，逐渐减小直流电动机的负载电流，使同步电动机输出功率逐渐减小直至为零，读取定子电流 I、输入功率 P_1、输出转矩 T_2、转速 n。共取数据 6 组并记入表 11-4 中。

表 11-4　测取三相同步电动机的工作特性数据记录（$U = U_N =$ ____ V, $I_f =$ ____ A, $n =$ _____ r/min）

序号	同步电动机输入								同步电动机输出			
	I_A/A	I_B/A	I_C/A	I/A	P_I/W	P_{II}/W	P_1/W	$\cos\varphi$	I_F/A	$T_2/$ (N·m)	P_2/W	$\eta/\%$
1												
2												
3												
4												
5												
6												

表 11-4 中：$I = (I_A + I_B + I_C)/3, P_1 = P_I + P_{II}, P_2 = 0.105 n T_2, \eta = P_2/P_1 \times 100\%$。

六、注意事项

同步电动机异步起动时，励磁绕组不能开路，否则定子旋转磁场会在匝数较多的励磁绕组中感应出高电压，易使励磁绕组击穿或引起人身事故。但是励磁绕组也不能直接短路，否则励磁绕组中的感应电流与气隙磁场作用,会产生显著的"单轴转矩",使合成电磁转矩在 0.5 倍同步转速附近产生明显的下凹。为了减少"单轴转矩",起动时应该在励磁绕组内接入一个限流电阻,其阻值为励磁绕组自身电阻的 5~10 倍。

七、实验报告

(1)画 $P_2 \approx 0$ 时同步电动机 V 形曲线 $I = f(I_f)$,并说明定子电流的性质。

(2)画 $P_2 \approx 0.5$ 倍额定功率时同步电动机的 V 形曲线 $I = f(I_f)$,并说明定子电流的性质。

(3)画同步电动机的工作特性曲线:I、P、$\cos \varphi$、T_2、$\eta = f(P_2)$。

(4)回答以下问题:

①同步电动机异步起动时先把同步电动机的励磁绕组经一可调电阻 R 构成回路,这个可调电阻的阻值调节在同步电动机的励磁绕组电阻值的 10 倍,这个可调电阻在起动过程中的作用是什么? 若这个可调电阻为零时又将怎样?

②在保持恒功率输出测取 V 形曲线时,输入功率将有什么变化? 为什么?

③对这台同步电动机的工作特性作一评价。

实验十二　他励直流电动机的机械特性研究

一、实验目的

了解和测定他励直流电动机在各种运行状态下的机械特性。

二、预习要点

(1)改变他励直流电动机机械特性有哪些方法?

(2)他励直流电动机在什么情况下,从电动机运行状态进入回馈制动状态?他励直流电动机回馈制动时,能量传递关系、电动势平衡方程及机械特性又是什么情况?

(3)他励直流电动机反接制动时,能量传递关系、电动势平衡方程及机械特性是什么情况?

三、实验项目

(1)电动运行及回馈制动状态下的机械特性。

(2)电动运行及反接制动状态下的机械特性。

(3)能耗制动状态下的机械特性。

四、实验设备及控制屏上挂件排列顺序

1. 实验设备

本实验所用设备见表12-1。

表12-1　他励直流电动机机械特性研究的实验设备

序号	型号	名　　称	数量
1	DQ03	导轨、测速发电机及转速表	1件
2	DQ09	并励直流电动机	1件
3	DQ19	校正直流测功机	1件
4	DQ22A、DQ22B	直流数字电压表、毫安表、安培表	2件
5	DQ26	三相可调电阻器	1件
6	DQ27	三相可调电阻器	1件
7	DQ29	可调电阻器	1件
8	DQ31	波形测试及开关板	1件
9	DQ34	转矩、转速、功率测试箱	1件

2. 屏上挂件排列顺序

DQ31、DQ22A、DQ27、DQ26、DQ22B、DQ29、DQ34。

按图12-1接线,图中 M 用编号为 DQ09 的并励直流电动机(接成他励方式),MG 用编号为 DQ19 的校正直流测功机,直流电压表 V1、V2 的量程为 300 V,直流电流表 A1、A3 的量程为

200 mA,A2、A4 的量程为 5 A。R_1、R_2、R_3 及 R_4 依不同的实验而选不同的阻值。

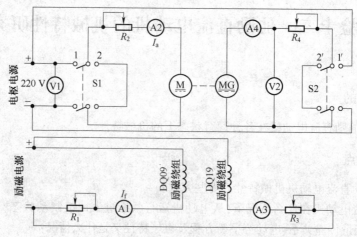

图 12-1　他励直流电动机机械特性测定的实验接线图

注意:实验中若需测取输出转矩,可在 MG 电枢回路中串入 DQ34 挂件。

五、实验内容与步骤

1. $R_2=0$ 时的电动运行及回馈制动状态下的机械特性

（1）R_1、R_2 分别选用 DQ29 的 3 750 Ω 和 185 Ω 阻值,R_3 选用 DQ27 上 4 只 900 Ω 串联共 3 600 Ω,R_4 选用 DQ27 上 1 800 Ω 再加上 DQ26 上 6 只 90 Ω 电阻串联共 2 340 Ω。

（2）R_1 阻值置最小位置,R_2、R_3 及 R_4 阻值置最大位置,转速表置正向偏转位置。开关 S1、S2 选用 DQ31 挂箱上的对应开关,并将 S1 合向 1 电源端,S2 合向 2′短接端（见图 12-1）。

（3）开机时需要检查控制屏下方左、右两边的"励磁电源"开关及"电枢电源"开关,都应在断开的位置,然后按次序先开启控制屏上的"电源总开关",再按下"开"按钮,随后接通"励磁电源"开关,最后检查 R_2 阻值确在最大位置时接通"电枢电源"开关,使他励直流电动机 M 起动运转。调节"电枢电源"电压为 220 V;调节 R_2 阻值至零位置,调节 R_3 阻值,使电流表 A3 为100 mA。

（4）调节电动机 M 的磁场调节电阻 R_1 阻值和 MG 的负载电阻 R_4 阻值（先调节 DQ27 上 0.41 A/1 800 Ω阻值,调至最小用导线短接后只需要调节 DQ26 的 1.3 A/540 Ω)。使电动机 M 的 $n=n_N=1\ 500$ r/min,$I_N=I_f+I_a=1.25$ A。此时他励直流电动机的励磁电流 I_f 为额定励磁电流 I_{fN}。保持 $U=U_N=220$ V ,$I_f=I_{fN}$,电流表 A3 为 100 mA。增大 R_4 阻值,直至空载（将开关 S2 拨至中间断开位置）,测取电动机 M 在额定负载至空载范围的 n、I_a,共取 9 组数据记入表 12-2 中。

表 12-2　额定负载至空载范围的机械特性测定数据记录（$U_N=220$ V,$I_{fN}=$_____mA）

I_a/A									
n/(r/min)									

（5）E_{aMG} 等于电枢电源电压 U 条件下给将进入电动状态工作的 MG 接上了电枢电源。

开关 S2 仍处于断开位置,把 R_4 调至零值位置（其中 DQ27 上 1 800 Ω 阻值调至零值后用导线短接）,再减小 R_3 阻值,使 MG 的空载电压与电枢电源电压值接近相等（在开关 S2 两端测量），并且极性相同，把开关 S2 合向 1′端。

（6）保持电枢电源电压 $U = U_N = 220$ V，$I_f = I_{fN}$，调节 R_3 阻值，使阻值增加，电动机转速升高。当电流表 A2 的值为 0 A 时，此时电动机转速为理想空载转速，继续增加 R_3 阻值，使电动机进入第二象限回馈制动状态运行，直至转速约为 1 900 r/min，测取 M 的 n、I_a，共取 8~9 组数据记入表 12-3 中。

表 12-3　空载到理想空载的电动运行及回馈制动的机械特性测量数据记录（$U_N = 220$ V，$I_{fN} = $ ＿＿ mA）

I_a/A								
n/(r/min)								

M 输入电功率扣除电枢回路总铜耗后的电磁功率加上轴上获得由 MG 电动状态提供的机械功率，全部转化为 M 由铁损 p_{Fe} 机械损耗 p_Ω 和附加（或杂散）损耗 p_s 构成的空载损耗。由于 MG 的弱磁升速，使得 M 从轴上获得的机械功率增大，M 电磁功率会减小，而 $T_0\Omega$ 功率稍有增大；M 电磁功率为零时，n 增大到理想空载转速。继续使 MG 的弱磁升速，M 电磁功率将变负，E_a 具有电源性，即 M 进入第二象限回馈制动状态。

（7）停机（先关断"电枢电源"开关，再关断"励磁电源"开关，并将开关 S2 合向 2′端）。

2. $R_2 = 400$ Ω 时的电动运行及反接制动状态下的机械特性

（1）在确保断电条件下，改接图 12-1，R_1 仍 DQ29 上 3 750 Ω，R_2 由 DQ29 的 185 Ω/0.9 A 改用 DQ27 的 900 Ω 与 900 Ω 并联，并用万用表调定在 400 Ω/0.82 A，R_3 由 DQ29 的 3 600 Ω 改用 DQ29 的 185 Ω 阻值，R_4 仍然用 DQ27 上 1 800 Ω 阻值加上 DQ26 上 6 只 90 Ω 电阻串联共 2 340 Ω。

（2）转速表置正向偏转位置，S1 合向 1 端，S2 合向 2′端（短接线仍拆掉，即将开关 S2 处于中间断开位置），把 MG 电枢的两个插头对调，R_1、R_3 置最小值，R_2 置 400 Ω 阻值，R_4 置最大值。

（3）先接通"励磁电源"，再接通"电枢电源"，使电动机 M 起动运转，在 S2 两端测量测功机 MG 的空载电压是否和"电枢电源"的电压极性相反。若极性相反，检查 R_4 阻值确在最大位置时可把 S2 合向 1′端。

（4）保持电动机的"电枢电源"电压 $U = U_N = 220$ V，$I_f = I_{fN}$ 不变，逐渐减小 R_4 阻值（先减小 DQ29 上 1 800 Ω 阻值，调至零值后用导线短接），使电动机减速直至为零。观察转速表显示符号的变化。然后继续减小 R_4 阻值，使电动机进入"反向"旋转，转速在反方向上逐渐上升，此时电动机工作于电动势反接制动状态运行，直至电动机 M 的 $I_a = I_{aN}$，测取电动机在第一、四象限的 n、I_a，共取 12 组数据记入表 12-4 中。

表 12-4　电动运行及反接制动的机械特性测量数据记录（$U_N = 220$ V，$I_{fN} = $ ＿＿ mA，$R_2 = 400$ Ω）

I_a/A												
n/(r/min)												

（5）停机（必须记住先关断"电枢电源"，而后关断"励磁电源"的次序，并随手将 S2 合向到 2′端）。

3. 能耗制动状态下的机械特性

（1）在图 12-1 中，R_1 阻值不变，R_2 用 DQ29 的 185 Ω 固定阻值，R_3 用 DQ27 的 1 800 Ω 可调电阻，R_4 阻值不变。

（2）S1 合向 2 短接端，R_1 置最大值位置，R_3 置最小值位置，R_4 调定 180 Ω 阻值，S2 合向 1′端。

（3）先接通"励磁电源"，再接通"电枢电源"，使校正直流测功机 MG 起动运转，调节"电枢电源"电压为 220 V，调节 R_1 使电动机 M 的 $I_f = I_{fN}$，调节 R_3 使 MG 励磁电流为 100 mA，先减少 R_4 阻值使 M 的能耗制动电流 $I_a = 0.8 I_{aN}$，然后逐次增加 R_4 阻值，其间测取 M 的 I_a、n，共取 8 组数据记入表 12-5 中。

表 12-5　能耗制动状态下的机械特性测量数据记录 （$R_2 = 180\ \Omega, I_{fN} = $ _____ mA）

I_a/A										
$n/(\text{r/min})$										

（4）把 R_2 调定在 90 Ω 阻值，重复上述实验操作步骤（2）、（3），测取 M 的 I_a、n，共取 8 组数据记入表 12-6 中。

表 12-6　能耗制动状态下的机械特性测量数据记录 （$R_2 = 90\ \Omega, I_{fN} = $ _____ mA）

I_a/A										
$n/(\text{r/min})$										

电磁转矩 $T = C_M \Phi I_a$，他励直流电动机在磁通 Φ 不变的情况下，其机械特性可以由曲线 $n = f(I_a)$ 来描述。

六、注意事项

注意实验中的各项实验条件。

七、实验报告

（1）根据实验数据，绘制他励直流电动机在第一、二、四象限的电动运行和制动状态及能耗制动状态下的机械特性 $n = f(I_a)$（用同一坐标纸绘出）。

（2）回答以下问题：

①回馈制动实验中，如何判别电动机运行在理想空载点？

②直流电动机从第一象限运行到第二象限，转子旋转方向不变，试问电磁转矩的方向是否也不变？为什么？

③直流电动机从第一象限运行到第四象限，其转向反了，而电磁转矩方向不变，为什么？作为负载的 MG，从第一象限到第四象限其电磁转矩方向是否改变？为什么？

实验十三　三相绕线转子异步电动机的机械特性研究

一、实验目的

了解三相绕线转子异步电动机在各种运行状态下的机械特性。

二、预习要点

(1)如何利用现有设备测定三相绕线转子异步电动机的机械特性?

(2)测定各种运行状态下的机械特性应注意哪些问题?

(3)如何根据所测出的数据计算被试电动机在各种运行状态下的机械特性?

三、实验项目

(1)测定并且绘制电动机 M-MG 机组的空载损耗曲线 $p_0 = f(n)$。

测定三相绕线转子异步电动机在 $R_s = 0$ 时,电动运行状态和回馈制动状态下的机械特性。

(2)测定三相绕线转子异步电动机在 $R_s = 15\ \Omega$ 时,电动状态与电动势反接制动状态下的机械特性。

(3) $R_s = 15\ \Omega$,定子绕组加直流励磁电流 $I_1 = 0.6 I_N$ 及 $I_2 = I_N$ 时,分别测定能耗制动状态下的机械特性。

四、实验设备及控制屏上挂件排列顺序

1. 实验设备

本实验所用设备见表 13-1。

表 13-1　三相绕线转子异步电动机的机械特性研究的实验设备

序号	型号	名　　称	数量
1	DQ03	导轨、测速发电机及转速表	1 件
2	DQ19	校正直流测功机	1 件
3	DQ11	三相绕线转子异步电动机	1 件
4	DQ22A、DQ22B	直流数字电压表、毫安表、安培表	2 件
5	DQ23	交流电流表	1 件
6	DQ24	交流电压表	1 件
7	DQ25	单三相智能功率、功率因数表	1 件
8	DQ26	三相可调电阻器	1 件
9	DQ27	三相可调电阻器	1 件
10	DQ29	可调电阻器	1 件
11	DQ31	波形测试及开关板	1 件

2. 屏上挂件排列顺序

DQ23、DQ24、DQ25、DQ31、DQ22A、DQ29、DQ27、DQ26、DQ22B。

DQ11 三相绕线转子异步电动机铭牌数据：120 W、0.85 A、1 380 r/min、220 V、丫接法。

五、实验内容与步骤

1. 绘制电动机 M-MG 机组的空载损耗曲线 $p_0 = f(n)$

（1）测量三相绕线转子异步电动机 M-MG 机组的空载损耗曲线的接线图如图 13-1 所示。图 13-1 中拆掉了三相绕线转子异步电动机 M 定子和转子绕组接线端的所有插头，R_1 用 DQ29上 185 Ω 阻值并调至最大，R_2 用 DQ29 上 3 750 Ω 阻值并调至最大。直流电流表 A3 的量程为200 mA，A2 的量程为 5 A，V2 的量程为 300 V，开关 S3 合向右边 1′端。

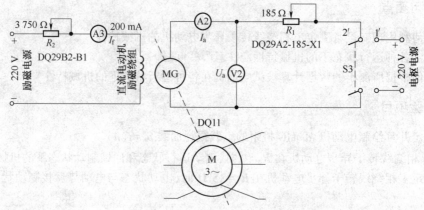

图 13-1　测量三相绕线转子异步电动机 M-MG 机组的空载损耗曲线的接线图

（2）开启"励磁电源"开关，调节 R_2 阻值，使电流表 A3 的 $I_f = 100$ mA，检查 R_1 阻值在最大位置时开启"电枢电源"开关，使电动机 MG 起动运转，调高"电枢电源"输出电压及减小 R_1 阻值，使电动机转速约为 1 700 r/min，逐次减小"电枢电源"输出电压或增大 R_1 阻值，使电动机转速下降直至 $n = 100$ r/min，其间测量 MG 的 U_{a0}、I_{a0} 及 n 值，共取 12 组数据记入表 13-2 中。

（3）M-MG 机组的空载损耗按式（13-1）计算，并把计算结果填入表 13-2 中

$$p_0 = U_{a0}I_{a0} - I_{a0}^2 R_a \qquad (13-1)$$

式中，R_a 为测功机 MG 的电枢电阻，Ω，可由实验室提供（$R_a = 8.3$ Ω）。

（4）绘制 M-MG 机组的空载损耗曲线 $p_0 = f(n)$

表 13-2　M-MG 机组的空载损耗曲线测量数据记录

$n/(\text{r/min})$												
U_{a0}/V												
I_{a0}/A												
p_0/W												

2. $R_s = 0$ 时的电动运行及回馈制动状态下的机械特性

（1）按图 13-2 接线，图中 M 用编号为 DQ11 的三相绕线转子异步电动机，额定电压为220 V，丫接法。MG 用编号为 DQ19 的校正直流测功机。S1、S3 选用 DQ31 挂箱上的对应开关，并将 S1 合向左边 1 端，将绕线转子异步电动机转子直接短接在 DQ12 起动调速电阻器上（即将DQ12 的旋转手柄拨在 0 Ω 的位置上），S3 合向 2′位置。R_1 选用 DQ29 的 185 Ω 阻值加上 DQ27

上 4 只 900 Ω 串联再加两只 900 Ω 并联共 4 235 Ω,R_2 选用 DQ29 上 3 750 Ω 阻值,R_S 选用 DQ12 起动调速电阻器 15 Ω 阻值,R_3 暂不接。直流电流表 A2、A4 的量程为 5 A,A3 为量程为 200 mA,V2 的量程为 1 000 V,交流电压表 V1 的量程为 150 V,A1 的量程为 2.5 A。转速表置正向偏转。

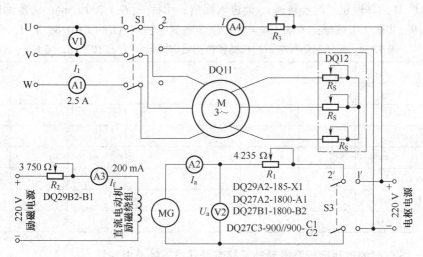

图 13-2 三相绕线转子异步电动机机械特性的接线图

(2) 确定 S1 合在左边 1 端,将绕线转子异步电动机转子直接短接在 DQ12 起动调速电阻器上(即将 DQ12 的旋转手柄拨在 0 Ω 的位置上),S3 合在 2′位置,M 的定子绕组接成星形的情况下。把 R_1、R_2 阻值置最大位置,将控制屏左侧三相调压器旋钮向逆时针方向旋到底,即把输出电压调到零。

(3) 检查控制屏下方"直流电机电源"的"励磁电源"开关及"电枢电源"开关都须在断开位置。接通三相调压"电源总开关",按下"开"按钮,旋转调压器旋钮使三相交流电压慢慢升高,观察电动机转向是否符合要求。若符合要求,则升高到 U = 110 V,并在以后实验中保持不变。接通"励磁电源"开关,调节 R_2 阻值,使电流表 A3 为 100 mA 并保持不变。

(4) 接通控制屏右下方的"电枢电源"开关,在开关 S3 的 2′端测量 MG 输出电压的极性,先使其极性与 S3 开关 1′端的电枢电源相反。在 R_1 阻值为最大的条件下,将 S3 合向 1′位置。

(5) 调节"电枢电源"输出电压或 R_1 阻值,使电动机从接近于堵转到接近于空载状态,其间测取 MG 的 U_a、I_a、n_1 值,共取 9 组数据记入表 13-3 中。注意限制电流表 A1 的 $I_1 < 0.85$ A = I_N。

表 13-3　电动状态下的机械特性测量数据记录(U = 110 V,R_S = 0 Ω,I_f = ____ mA)

测量值	n/(r/min)									
	U_a/V									
	I_a/A									
计算值	Ω									
	$p_0 = f(n)$									
	(p_0/Ω)/(N·m)									
	T_e/(N·m)									
	$T_{e220V} = 4T_e$									

(6) 当电动机接近空载而转速不能调高时,将 S3 合向 2′位置,调换 MG 电枢极性(在开关 S3

的两端换)使其与"电枢电源"同极性。调节"电枢电源"电压值使其与 MG 电压值接近相等,将 S3 合向 1′端。保持 M 三相交流电压 $U=110$ V,减小 R_1 阻值直至短路位置(注:DQ27 上 6 只 900 Ω阻值调至短路后应用导线短接)。升高"电枢电源"电压或增大 R_2 阻值(减小 MG 的励磁电流)使电动机 M 的转速超过同步转速 n_0 而进入回馈制动状态,在 1 700 r/min~n_0 范围内测取 MG 的 U_a、I_a、n 值,共取 7 组数据记入表 13-4 中。注意限制电流表 A1 的 $I_1<0.85$ A$=I_N$。

表 13-4   回馈制动状态下的机械特性测量数据记录($U=110$ V,$R_S=0$ Ω)

测 量 值	$n/(\text{r/min})$							
	U_a/V							
	I_a/A							
计 算 值	Ω							
	$p_0=f(n)$							
	$(p_0/\varOmega)/(\text{N}\cdot\text{m})$							
	$T_e/(\text{N}\cdot\text{m})$							
	$T_{e220\text{ V}}=4T_e$							

3. $R_S=15$ Ω 时的电动运行及电动势反接制动状态下的机械特性

(1)将 DQ12 起动调速电阻器拨至 15 Ω端。开关 S3 拨向 2′端,把 MG 电枢接到 S3 上的两个接线端对调,以便使 MG 输出极性和"电枢电源"输出极性相反。把电阻 R_1、R_2 调至最大。

(2)保持电压 $U=110$ V 不变,调节 R_2 阻值,使电流表 A3 为 100 mA。调节"电枢电源"的输出电压为最小位置。在开关 S3 的 2′端检查 MG 电压极性,须与 1′的"电枢电源"极性相反。可先记录此时 MG 的 U_a、I_a 值,将 S3 合向 1′端与"电枢电源"接通。测量此时 MG 的 U_a,I_a,n 值(注意限制电流表 A1 的 $I_1<0.85$ A$=I_N$),减小 R_1 阻值(先调 DQ27 上 4 个 900 Ω 串联的电阻)或调高"电枢电源"输出电压使电动机 M 的 n 下降,直至 n 为零,在该范围内测取 MG 的 U_a,I_a,n 值(注意限制电流表 A1 的 $I_1<0.85$ A$=I_N$)。共取 6 组记入表 13-5 中(注意观察转速表的符号变化)。把 R_1 的 DQ27 上 4 个 900 Ω 串联电阻调至零值位置后用导线短接,继续减小 R_1 阻值或调高电枢电压使电动机反向运转,直至 n 为-1 300 r/min 为止,在该范围内测取 MG 的 U_a,I_a,n 值(注意限制电流表 A1 的 $I_1<0.85$ A$=I_N$),共取 6 组记入表 13-6 中。

(3)停机(先将 S3 合向 2′端,关断"电枢电源",再关断"励磁电源",调压器调至零位,按下"关"按钮)。

表 13-5   电动运行下的机械特性测量数据记录($U=110$ V,$R_S=15$ Ω,$I_f=$____ mA)

测 量 值	$n/(\text{r/min})$							
	U_a/V							
	I_a/A							
计 算 值	Ω							
	$p_0=f(n)$							
	$(p_0/\varOmega)/(\text{N}\cdot\text{m})$							
	$T_e/(\text{N}\cdot\text{m})$							
	$T_{e220\text{ V}}=4T_e$							

表 13-6　电动势反接制动状态下的机械特性测量数据记录（$U=110\ \text{V}$，$R_{\text{S}}=15\ \Omega$，$I_{\text{f}}=$＿＿ mA）

测量值	$n/(\text{r/min})$							
	U_{a}/V							
	I_{a}/A							
计算值	Ω							
	$p_0=f(n)$							
	$(p_0/\Omega)/(\text{N}\cdot\text{m})$							
	$T_{\text{e}}/(\text{N}\cdot\text{m})$							
	$T_{\text{e}220\ \text{V}}=4T_{\text{e}}$							

六、注意事项

（1）调节串联的可调电阻时，要根据电流值的大小而相应选择调节不同电流值的电阻，防止个别电阻器过电流而引起烧坏。

（2）注意实验中的保持条件，连接电路时注意将导线完全插入插孔内。

（3）电动机重新起动时，一定要遵守操作规程，并注意开机和关机次序。

（4）实验中若多次出现告警现象，应停机检查线路是否正确。

七、实验报告

（1）绘制电动机 M-MG 机组的空载损耗曲线 $P_0=f(n)$。

（2）根据实验数据绘制各种运行状态下的机械特性 $n=f(T_{\text{e}220\ \text{V}})$。

电压为 110 V 时电磁转矩计算有两种公式：

$$T_{\text{e}}=\begin{cases}\dfrac{1}{\Omega_{\text{s}}}(P_{\text{W1}}+P_{\text{W2}}-3I_1^2R_1-p_{\text{Fe}}),\text{在电动状态时}\\[2mm]\dfrac{1}{-\Omega_{\text{s}}}(P_{\text{W1}}+P_{\text{W2}}+3I_1^2R_1+p_{\text{Fe}}),\text{在回馈制动状态时}\\[2mm]\dfrac{1}{\Omega_{\text{s}}}(P_{\text{W1}}+P_{\text{W2}}-3I_1^2R_1-p_{\text{Fe}}),\text{在电动势反接制动状态时}\end{cases}\tag{13-2}$$

式中，$\Omega_{\text{s}}=2\pi n_0/60$ 是与异步电动机旋转磁场的转速 n_0 相对应的旋转磁场的旋转角速度，单位是 rad/s；p_{Fe} 的测量同实验八，电动机须直接与测速发电机同轴连接，负载电动机 DQ19 不接的空载实验法测量；P_{W1}、P_{W2} 是两瓦法测定输入电功率时，两功率表的读数，单位是 W。两瓦法测定输入功率接线方式见图 8-5。

$$T_{\text{e}}=\begin{cases}\dfrac{p_0}{\Omega}+\dfrac{1}{\Omega}(I_{\text{a}}U_{\text{a}}+I_{\text{a}}^2R_{\text{a}}),\text{在电动状态时}\\[2mm]\dfrac{p_0}{\Omega}-\dfrac{1}{\Omega}(|I_{\text{a}}U_{\text{a}}|-I_{\text{a}}^2R_{\text{a}}),\text{在回馈制动}(I_{\text{a}}<0)\text{状态时}\\[2mm]\dfrac{p_0}{\Omega}+\dfrac{1}{-\Omega}(|I_{\text{a}}U_{\text{a}}|-I_{\text{a}}^2R_{\text{a}}),\text{在电动势反接制动}(\Omega<0)\text{状态时}\end{cases}\tag{13-3}$$

式中　T_{e}——被试异步电动机 M 的电磁转矩，N·m；

U_a——测功机 MG 的电枢端电压，V；

I_a——测功机 MG 的电枢电流，A；

R_a——测功机 MG 的电枢电阻，Ω，可由实验室提供（$R_a = 8.3\ \Omega$）；

p_0——对应某转速 n 时的某空载损耗，W，由 M-MG 机组的空载损耗曲线 $P_0 = f(n)$ 上读出；

Ω——与异步电动机转速 n 相对应的旋转角速度（$=2\pi n/60$），单位是 rad/s。

由式(13-3)计算的 T_e 值为电动机在 $U=110$ V 时的 T_e 值，实际的电磁转矩值应折算为额定电压 220 V 时的异步电动机电磁转矩值。折算方法是：在相同 n 值下，220 V 时电磁转矩是 110 V 时电磁转矩的 4 倍。

考虑到 p_{Fe} 的测量比较复杂，采用式(13-3)来进行机械特性的实验。

实验十四　三相异步电动机的点动和自锁控制线路的安装接线

一、实验目的

(1)通过对三相异步电动机点动控制和自锁控制线路的实际安装接线,掌握由电气原理图变换成安装接线图的知识。

(2)通过实验进一步加深理解点动控制和自锁控制的特点以及在机床控制中的应用。

(3)掌握两地控制的特点,使学生对机床控制中两地控制有感性的认识。

二、预习要点

预习三相异步电动机点动控制、自锁控制、两地控制和既可点动又可长动(自锁)的控制线路。

三、实验项目

(1)三相异步电动机点动控制线路。

(2)三相异步电动机自锁控制线路。

(3)三相异步电动机两地控制线路。

(4)三相异步电动机既可点动又可自锁控制线路。

四、实验设备及控制屏上挂件排列顺序

1. 实验设备

本实验所用设备如表 14-1 所示。

表 14-1　三相异步电动机点动和自锁控制线路的安装接线的实验设备

序号	型号	名　称	数量
1	DQ10	三相笼形异步电动机($\triangle$/220 V)	1件
2	DQ39	继电接触控制挂箱(一)	1件
3	DQ39-1	继电接触控制挂箱(二)	1件

2. 屏上挂件排列顺序

DQ39-1、DQ39。

五、实验内容与步骤

1. 三相异步电动机点动控制线路

按图 14-1 接线。图中 SB1、KM1、FR1 选用 DQ39 上的元器件,Q1、FU1、FU2、FU3、FU4 选用 DQ39-1 上的元器件,电动机选用 DQ10($\triangle$/220 V)。接线时,先接主电路,它是从 220 V 三相交流电源的输出端 U、V、W 开始,经三相刀开关 Q1、熔断器 FU1、FU2、FU3、接触器 KM1 主触点到电动机 M 的 3 个线端 A、B、C 的电路,用导线按顺序串联起来,有 3 路(注意:电动机的正确连接,

此时应为三角形连接,A–Z,B–X,C–Y)。主电路
经检查无误后,再接控制电路。从 V 相线插孔,到
熔断器 FU4 插孔,经按钮 SB1 常开插孔到接触器
KM1 线圈插孔,回到 W 相线插孔。线接好后经指
导教师检查无误后,按下列步骤进行实验:

(1)按下控制屏上的"开"(绿色)按钮。

(2)再合上 Q1 开关,接通三相交流 220 V 电源。

(3)按下启动按钮 SB1,对电动机 M 进行点动
操作。比较按下 SB1 和松开 SB1 时电动机 M 的运
转情况。

(4)选 KM1 的一对常开辅助触点,用两条线
分别接 SB1 的常开触点,再按下 SB1 并松开,观察
电动机的运行情况。此时如何让电动机停下来?
需要如何处理?

(5)关闭 Q1 开关,按下控制屏上的"关"(红
色)按钮。

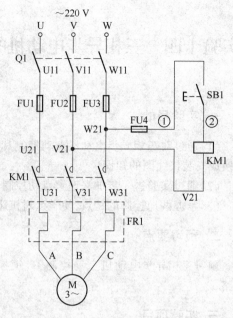

图 14-1　点动控制线路

2. 三相异步电动机自锁控制线路

保持主电路不变,控制电路按图 14-2 进行接
线,图中 SB1、SB3、KM1、FR1 选用 DQ39 上的元器件,电动机选用 DQ10(△/220 V)。注意:SB3
作停止按钮,是利用其常闭触点。

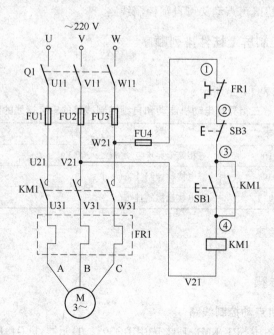

图 14-2　自锁控制线路

经检查无误后,按下列步骤进行实验:

(1) 按下控制屏上的"开"(绿色)按钮。

（2）合上开关 Q1,接通三相交流 220 V 电源。

（3）按下起动按钮 SB1,松手后观察电动机 M 运转情况。

（4）按下停止按钮 SB3,松手后观察电动机 M 运转情况。

（5）关闭 Q1 开关,按下控制屏上的"关"(红色)按钮。

3. 三相异步电动机两地控制

保持主电路不变,控制电路按图 14-3 进行接线,图中 SB1、SB2、SB3、KM1、FR1 选用 DQ39 上的元器件,SB4 选用编号为 DQ39-1 的元器件,电动机选用 DQ10(△/220 V)。注意:SB3、SB4 作停止按钮,是利用其常闭触点。

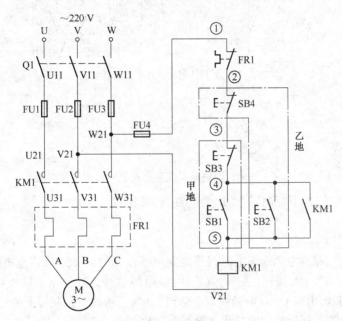

图 14-3　三相异步电动机两地控制

经检查无误后,按下列步骤进行实验:

(1)按下控制屏上的"开"(绿色)按钮,合上开关 Q1,接通 220 V 三相交流电源。

(2)按下 SB1,观察电动机及接触器运行状况。

(3)按下 SB3,观察电动机及接触器运行状况。

(4)按下 SB2,观察电动机及接触器运行状况。

(5)按下 SB4,观察电动机及接触器运行状况。

(6)关闭 Q1 开关,按下控制屏上的"关"(红色)按钮。

4. 三相异步电动机既可点动又可自锁控制线路

保持主电路不变,控制线路按图 14-4 接线,图中 SB1、SB2、SB3、KM1、FR1 选用 DQ39 挂件,电动机选用 DQ10(△/220 V)。

(1)按下控制屏上的"开"(绿色)按钮,合上开关 Q1,接通 220 V 三相交流电源。

(2)按下起动按钮 SB1,松手后观察电动机 M 是否继续运转。

(3)运转 0.5 min 后按下 SB2,然后松开,观察电动机 M 是否停转;连续按下和松开 SB1,观察此时属于什么控制状态。

(4)按下停止按钮 SB3,松手后观察 M 是否停转。

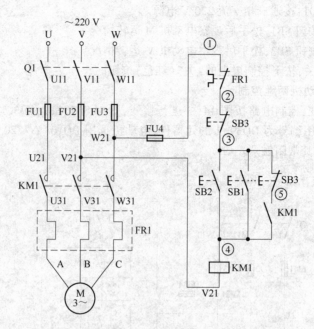

图 14-4　三相异步电动机既可点动又可自锁控制线路

(5)关闭 Q1 开关,按下控制屏上的"关"(红色)按钮。

六、注意事项

实验前要检查控制屏左侧端面上的调压器旋钮须在零位,下面"直流电机电源"的"电枢电源"开关及"励磁电源"开关须在"关"位置。开启"电源总开关",按下启动按钮,旋转调压器旋钮,将三相交流电源输出端 U、V、W 的线电压调到 220 V。再按下控制屏上的"关"(红色)按钮,以切断三相交流电源。以后在实验接线之前都应如此。

七、实验报告

(1)试分析什么叫点动,什么叫自锁? 并比较图 14-1 和图 14-2 在结构和功能上有什么区别?

(2)实验线路图中各个电器,如 Q1、FU1、FU2、FU3、FU4、KM1、FR、SB1、SB2、SB3 各起什么作用? 已经使用了熔断器为何还要使用热继电器? 已经有了开关 Q1 为何还要使用接触器 KM1?

(3)图 14-2 所示电路能否对电动机实现过电流、短路、欠电压和失电压保护?

(4)画出图 14-2、图 14-4 的工作原理流程图。

实验十五　三相异步电动机的正反转控制线路的安装接线

一、实验目的

(1)通过对三相异步电动机正反转控制线路的安装接线,掌握由电路原理图接成实际操作电路的方法。

(2)掌握三相异步电动机正反转的原理和方法。

(3)通过对工作台自动往返循环控制线路的实际安装接线,掌握由电路原理图变换成安装接线图的方法;掌握行程控制中行程开关的作用,以及在机床电路中的应用。

(4)通过实验进一步加深理解自动往返循环控制在机床电路中的应用场合。

二、预习要点

(1)预习电动机正反转的工作原理,熟悉电路接线,理解控制线路中各点的意义。

(2)理解工作台自动往返循环控制线路的工作原理,会分析其控制线路的工作流程。

(3)对比图15-2和图15-3中的控制线路,理出从图15-2到图15-3改变接线的方法。

三、实验项目

(1)倒顺开关正反转控制线路。

(2)接触器互锁正反转控制线路。

(3)工作台自动往返循环控制线路。

四、实验设备及控制屏上挂件排列顺序

1. 实验设备
本实验所用设备见表15-1。

表 15-1　三相异步电动机正反转控制线路的安装接线的实验设备

序　号	型　号	名　称	数　量
1	DQ10	三相笼形异步电动机(△/220 V)	1件
2	DQ39	继电接触控制挂箱(一)	1件
3	DQ39-1	继电接触控制挂箱(二)	1件

2. 屏上挂件排列顺序
DQ39-1、DQ39。

五、实验内容与步骤

1. 倒顺开关正反转控制线路
(1) 按图15-1接线。图中Q1(用以模拟倒顺开关)、FU1 、FU2、FU3选用DQ39-1上的元器

件,电动机选用 DQ10(△/220 V)。(注意:电动机的正确连接,此时应为三角形连接,A-Z,B-X,C-Y)。

(2)启动电源后,把开关 Q1 扳向"左合"位置,观察电动机转向。

(3)运转 0.5 min 后,把开关 Q1 扳向"断开"位置后,再扳向"右合"位置,观察电动机转向。

(4)关闭 Q1 开关,按下控制屏上的"关"(红色)按钮。拆除所有连接导线。

2. 接触器互锁正反转控制线路

(1)按图 15-2 接线。图中 SB1、SB2、SB3、KM1、KM2、FR1 选用 DQ39 上的元器件,Q1、FU1、FU2、FU3、FU4 选用 DQ39-1 上的元器件,电动机选用 DQ10(△/220 V)。先接主电路,后接控制电路,经检查无误后,按下控制屏上的"开"(绿色)按钮,通电操作。

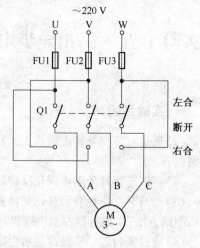

图 15-1 倒顺开关正反转控制线路

注意:连接 KM1 和 KM2 的主触点时,注意调相操作,否则电动机不会反转。

(2)合上电源开关 Q1,接通 220 V 三相交流电源。

(3)按下 SB1,观察并记录电动机 M 的转向、接触器自锁和互锁触点的通断情况。

(4)按下 SB3,观察并记录电动机 M 的运转状态、接触器各触点的通断情况。

(5)再按下 SB2,观察并记录电动机 M 的转向、接触器自锁和互锁触点的通断情况。

(6)关闭 Q1 开关,按下控制屏上的"关"(红色)按钮。

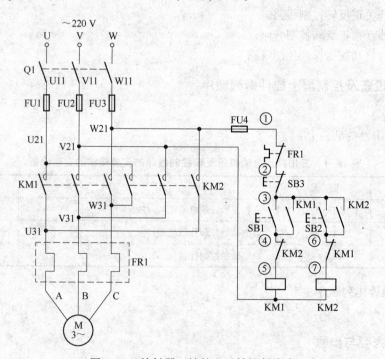

图 15-2 接触器互锁的正反转控制线路

3. 工作台自动往返循环控制线路

图15-3(a)为工作台自动往返控制线路图,15-3(b)为工作台自动往返工作示意图。当工作台的挡块停在行程开关 SQ1 和 SQ2 之间任何位置时,可以按下任一启动按钮 SB1 或 SB2 使之运行。例如按下 SB1,电动机正转带动工作台左进,当工作台到达终点时挡块压下终点行程开关 SQ1,使其常闭触点 SQ1-1 断开,接触器 KM1 因线圈断电而释放,电动机停转;同时,行程开关 SQ1 的常开触点 SQ1-2 闭合,使接触器 KM2 通电吸合且自锁,电动机反转,拖动工作台向右移动;同时 SQ1 复位,为下次正转做准备,当电动机反转拖动工作台向右移动到一定位置时,挡块碰到行程开关 SQ2,使 SQ2-1 断开,KM2 断电,KM2 主触点断开,使电动机反转停止;同时常开触点 SQ2-2 闭合并且 KM2 常闭辅助触点常闭,使 KM1 通电并自锁,电动机又开始正转,如此反复循环,使工作台在预定行程内自动反复运动。SQ3、SQ4 为限位行程开关,SQ1、SQ2 失灵时,切断电源使电动机停转。

保持图15-2所有线路不变,根据预习要点,分别把④号点和⑥号点断开,串入相应的行程开关的常闭触点。然后把常开触点并联到相应的起动按钮两端。

(1)启动电源后,合上开关 Q1,接通 220 V 三相交流电源。

(2)按 SB1 按钮,使电动机正转约 10 s。

(3)用手按 SQ1(模拟工作台左进到终点,挡块压下行程开关 SQ1),观察电动机,应停止正转并变为反转。

(4)反转约 0.5 min,用手压 SQ2(模拟工作台右进到终点,挡块压下行程开关 SQ2),观察电动机,应停止反转并变为正转。

(5)正转 10 s 后按下 SQ3,观察电动机运转情况;反转 10 s 后按下 SQ4,再观察电动机运转情况。

(6)重复上述步骤,线路应能正常工作。

(7)关闭 Q1 开关,按下控制屏上的"关"(红色)按钮。

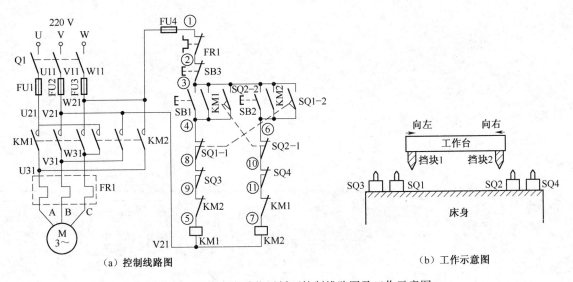

（a）控制线路图　　　　　　　　　　（b）工作示意图

图 15-3　工作台自动往返循环控制线路图及工作示意图

六、注意事项

实验前要检查控制屏左侧端面上的调压器旋钮须在零位,下面"直流电机电源"的"电枢电源"开关及"励磁电源"开关须在"关"位置。开启"电源总开关",按下启动按钮,旋转调压器旋钮,将三相交流电源输出端 U、V、W 的线电压调到 220 V。再按下控制屏上的"关"(红色)按钮,以切断三相交流电源。

七、实验报告

(1)在图 15-1 中,欲使电动机反转为什么要把手柄扳到"停止"位置使电动机 M 停转后,才能扳向"反转"位置使之反转,若直接扳至"反转"位置会造成什么后果?

(2)试分析图 15-2、图 15-3 工作原理,并画出运行原理流程图。

(3)试说明图 15-3 中 SQ3、SQ4 元件的作用?

(4)为什么在正反转控制线路中,需要加入接触器的互锁触点?

实验十六 两台异步电动机的顺序控制线路的安装接线

一、实验目的

（1）通过各种不同顺序控制的接线，加深对一些特殊要求机床控制线路的了解。

（2）进一步提高学生的动手能力和理解能力，使理论知识和实际经验进行有效结合。

二、预习要点

（1）试分析图16-1中各电路的工作原理，画出各电路的动作流程图。

（2）试分析图16-1中各电路中两台电动机的动作顺序。

（3）试比较图16-1中各电路控制线路的接线特点，找出从图16-1（a）到图16-1（b）再到图16-1（c）接线的最佳方法。

三、实验项目

（1）三相异步电动机起动顺序控制。

（2）三相异步电动机停止顺序控制。

四、实验设备及控制屏上挂件排列顺序

1. 实验设备

本实验所用设备见表16-1。

表16-1　两台异步电动机的顺序控制线路的安装接线的实验设备

序　号	型　号	名　称	数　量
1	DQ10	三相笼形异步电动机（△/220 V）	1件
2	DQ20	三相笼形异步电动机（△/220 V）	1件
3	DQ39	继电接触控制挂箱（一）	1件
4	DQ39-1	继电接触控制挂箱（二）	1件

2. 屏上挂件排列顺序

DQ39-1、DQ39。

五、实验内容与步骤

1. 三相异步电动机起动顺序控制

（1）按图16-1（a）接线。图中SB1、SB2、SB3、KM1、KM2、FR1选用DQ39上的元器件，FU1、FU2、FU3、FU4、Q1、FR2选用DQ39-1上的元器件，M1选用DQ20（△/220 V），M2选用DQ10（△/220 V）。

①按下控制屏上的"开"（绿色）按钮，合上开关Q1，接通220 V三相交流电源。

②按下 SB1,观察电动机运行情况及接触器吸合情况。

③保持 M1 运转时按下 SB2,观察电动机运转及接触器吸合情况。

④在 M1 和 M2 都运转时,观察能不能单独停止 M2。

⑤按下 SB3,使电动机停转后,先按 SB2,分析电动机 M2 为什么不能起动。

⑥关闭 Q1 开关,按下控制屏上的"关"(红色)按钮。

(2)保持主电路不变,控制线路按图 16-1(b)接线。图中 SB1、SB2、SB3、FR1、KM1、KM2 选用 DQ39 上的元器件,FR2、SB4 选用 DQ39-1 上的元器件, M1 选用 DQ20,M2 选用 DQ10。

①按下控制屏上的"开"(绿色)按钮,合上开关 Q1,接通 220 V 三相交流电源。

②按下 SB1,观察并记录电动机及各接触器的运行状态。

③再按下 SB2,观察并记录电动机及各接触器的运行状态。

④单独按下 SB3,观察并记录电动机及各接触器的运行状态。

⑤在 M1 与 M2 都运行时,按下 SB4,观察电动机及各接触器的运行状态。

⑥关闭 Q1 开关,按下控制屏上的"关"(红色)按钮。

2. 三相异步电动机停止顺序控制

保持主电路不变,控制线路按图 16-1(c)接线。图中 SB1、SB2、SB3、FR1、KM1、KM2 选用 DQ39 上的元器件,FR2、SB4 选用 DQ39-1 上的元器件,M1 选用 DQ20(△/220 V),M2 选用 DQ10(△/220 V)。

(1)按下控制屏上的"开"(绿色)按钮,合上开关 Q1,接通 220 V 三相交流电源。

(2)按下 SB1,观察并记录电动机及接触器的运行状态。

(3)再按下 SB2,观察并记录电动机及接触器的运行状态。

(4)在 M1 与 M2 都运行时,单独按下 SB4,观察并记录电动机及接触器的运行状态。

(5)在 M1 与 M2 都运行时,单独按下 SB3,观察并记录电动机及接触器的运行状态。

(6)按下 SB4,使 M2 停止后再按 SB3,观察并记录电动机及接触器的运行状态。

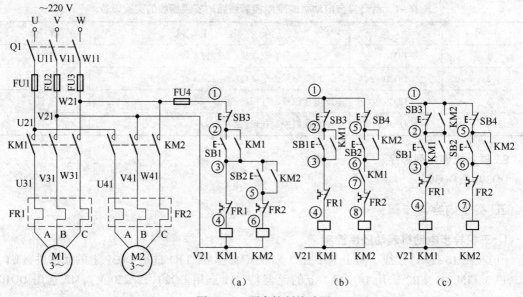

图 16-1   顺序控制线路图

(7)关闭 Q1 开关,按下控制屏上的"关"(红色)按钮。

六、注意事项

实验前要检查控制屏左侧端面上的调压器旋钮须在零位,下面"直流电机电源"的"电枢电源"开关及"励磁电源"开关须在"关"位置。开启"电源总开关",按下启动按钮,旋转调压器旋钮,将三相交流电源输出端 U、V、W 的线电压调到 220 V。再按下控制屏上的"关"(红色)按钮,以切断三相交流电源。

七、实验报告

(1)画出图 16-1(a)、(b)、(c)的运行原理流程图。

(2)比较图 16-1(a)、(b)、(c)这 3 种线路的不同点和各自的特点。

(3)列举几个顺序控制的机床控制实例,并说明其用途。

实验十七 三相笼形异步电动机的降压起动控制线路的安装接线

一、实验目的

（1）通过对三相异步电动机降压起动的接线，进一步掌握降压起动在机床控制中的应用。

（2）了解星-三角降压起动手动控制和自动控制方式的不同。

（3）熟练掌握控制线路的接线方法，为后续课程打好基础。

二、预习要点

（1）试分析图 17-1、图 17-2、图 17-3 中各电路的工作原理。

（2）请对比图 17-1、图 17-2、图 17-3 中各控制线路的异同，找出最佳接线方案。

三、实验项目

（1）手动接星-三角降压起动控制线路。

（2）时间继电器控制星-三角降压起动控制线路。

四、实验设备及控制屏上挂件排列顺序

1. 实验设备
本实验所用设备如表 17-1 所示。

表 17-1　三相笼形异步电动机降压起动控制线路的安装接线的实验设备

序　号	型　号	名　称	数　量
1	DQ10	三相笼形异步电动机（△/220 V）	1 件
2	DQ39	继电接触控制挂箱（一）	1 件
3	DQ39-1	继电接触控制挂箱（二）	1 件

2. 屏上挂件排列顺序
DQ39-1、DQ39。

五、实验内容与步骤

1. 手动接星-三角降压起动控制线路

（1）按图 17-1 接线。图中 FR1、SB1、SB2、SB3、KM1、KM2 选用 DQ39 上的元器件，FU1、FU2、FU3、FU4、Q1 选用 DQ39-1 上的元器件，M 选用 DQ10（△/220 V）。经检查无误后，按下列步骤进行实验：

①按下控制屏上的"开"（绿色）按钮，合上 Q1 开关，接通 220 V 交流电源。

②按下 SB1，观察并记录电动机在星形接法下的起动情况。

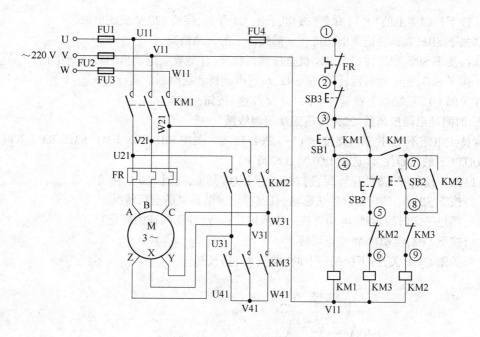

图 17-1　手动星-三角控制线路(一)

③再按下 SB2,观察并记录电动机全压运行情况(注意观察电动机的转速变化)。

④按下 SB3,使电动机停转后,按 SB2,观察电动机和接触器的运行情况。

⑤关闭 Q1 开关,按下控制屏上的"关"(红色)按钮。

(2)保持主电路不变,控制线路按图 17-2 进行接线。图中 FR1、SB1、SB2、SB3、KM1、KM2 选用 DQ39 上的元器件,M 选用 DQ10(△/220 V)。经检查无误后,按下列步骤进行实验:

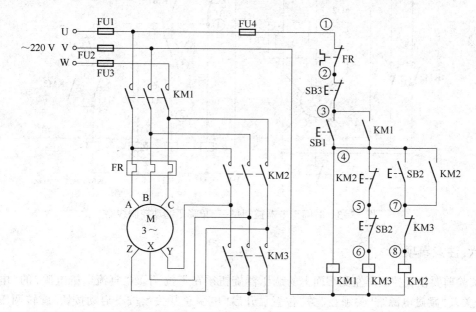

图 17-2　手动星-三角控制线路(二)

①按下控制屏上的"开"(绿色)按钮,合上 Q1 开关,接通 220 V 交流电源。

②按下 SB1,观察并记录电动机在星形接法下的起动情况。

③再按下 SB2,观察并记录电动机全压运行情况(注意观察电动机的转速变化)。

④按下 SB3,使电动机停转后,按 SB2,观察电动机和接触器的运行情况。

⑤关闭 Q1 开关,按下控制屏上的"关"(红色)按钮。

2. 时间继电器控制星-三角降压起动控制线路

保持主电路不变,控制线路按图 17-3 进行接线。图中 SB1、SB3、KM1、KM2、KM3、KT1、FR1 选用 DQ39 上的元器件,M 选用 DQ10(△/220 V)。

(1)按下控制屏上的"开"(绿色)按钮,合上 Q1 开关,接通 220 V 交流电源。

(2)按下 SB1,电动机星形接法起动,观察并记录电动机的运行情况。

(3)经过一定时间延时,电动机按三角形接法运行(注意转速的变化)。

(4)按下 SB3,电动机 M 停止运转。

(5)关闭 Q1 开关,按下控制屏上的"关"(红色)按钮。

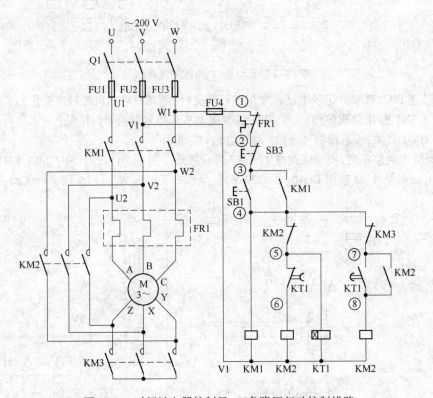

图 17-3 时间继电器控制星-三角降压起动控制线路

六、注意事项

实验前要检查控制屏左侧端面上的调压器旋钮须在零位,下面"直流电机电源"的"电枢电源"开关及"励磁电源"开关须在"关"位置。开启"电源总开关",按下启动按钮,旋转调压器旋钮,将三相交流电源输出端 U、V、W 的线电压调到 220 V。再按下控制屏上的"关"(红色)按钮,以切断三相交流电源。

七、实验报告

(1)画出图 17-1、图 17-2、图 17-3 的工作原理流程图。

(2)时间继电器在图 17-3 中的作用是什么？

(3)采用星-三角降压起动的方法时对电动机有何要求？

(4)星-三角降压起动的自动控制与手动控制线路比较,有哪些优点？

实验十八　三相绕线转子异步电动机的起动控制线路的安装接线

一．实验目的

(1)通过对三相绕线转子异步电动机的起动控制线路的实际安装接线,掌握由电路原理图接成实际操作电路的方法。

(2)熟练掌握三相绕线转子异步电动机的起动应用在何种场合?有何特点?

二、预习要点

(1)熟悉时间继电器的结构和工作原理,了解其基本控制方法。

(2)分析图 18-1、图 18-2 中各电路的工作原理。

三、实验项目

(1)手动控制绕线转子异步电动机起动控制线路。

(2)时间继电器控制绕线转子异步电动机起动控制线路。

四、实验设备及控制屏上挂件排列顺序

1. 实验设备

本实验所用设备见表 18-1。

表 18-1　三相绕线转子异步电动机的安装接线的实验设备

序　号	型　号	名　　称	数　量
1	DQ11	三相绕线转子异步电动机(Y/220 V)	1 件
2	DQ39	继电接触控制挂箱(一)	1 件
3	DQ39-1	继电接触控制挂箱(二)	1 件
4	DQ12	三相可调电阻器	1 件

2. 屏上挂件排列顺序

DQ39-1、DQ39。

五、实验内容与步骤

1. 手动控制绕线转子异步电动机起动控制线路

按图 18-1 接线。图中 FR1、SB1、SB2、SB3、KM1、KM2 选用 DQ39 上的元器件,FU1、FU2、FU3、FU4、Q1 选用 DQ39-1 上的元器件,M 选用 DQ11(Y/220 V)。经检查无误后,按下列步骤进行实验:

(1)按下控制屏上的"开"(绿色)按钮,合上 Q1 开关,接通 220 V 交流电源。

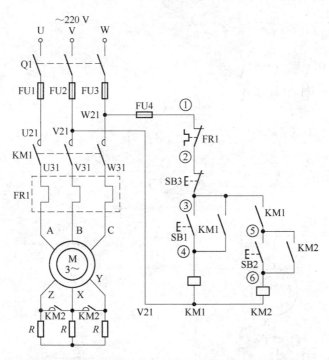

图 18-1　手动控制绕线转子异步电动机起动控制线路

（2）按下 SB1,观察并记录电动机转子绕组在串电阻情况下的起动情况。

（3）再按下 SB2,观察并记录电动机转子绕组无串联电阻情况下的运行情况(注意观察电动机的转速变化)。

（4）按下 SB3 使电动机停转。直接按 SB2,观察电动机和接触器能否工作。

（5）关闭 Q1 开关,按下控制屏上的"关"(红色)按钮。

2. 时间继电器控制绕线转子异步电动机起动控制线路

保持图 18-1 主电路不变,控制线路按图 18-2 进行接线。图中 SB1、SB2、KM1、KM2、FR1、KT1 选用 DQ39 上的元器件,R 选用 DQ12 上的 180 Ω 电阻。经检查无误后,按下列步骤进行实验:

（1）按下控制屏上的"开"(绿色)按钮,合上开关 Q1,接通 220 V 三相交流电源。

（2）按下 SB1,观察并记录电动机的运转情况。

（3）经过一段时间延时,起动电阻被切除后,观察电动机的运转情况。

（4）按下 SB2,电动机停转。

（5）关闭 Q1 开关,按下控制屏上的"关"(红色)按钮。

六、注意事项

实验前要检查控制屏左侧端面上的调压器旋钮须在零位,下面"直流电机电源"的"电枢电源"开关及"励磁电源"开关须在"关"位置。开启"电源总开关",按下启动按钮,旋转调压器旋钮,将三相交流电源输出端 U、V、W 的线电压调到 220 V。再按下控制屏上的"关"(红色)按钮,以切断三相交流电源。

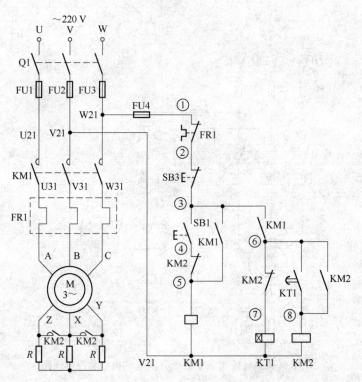

图 18-2　时间控制起动控制线路

七、实验报告

(1)分析三相绕线转子异步电动机转子串电阻除了可以减小起动电流,提高功率因数,增加起动转矩外,还可以进行什么?

(2)三相绕线转子异步电动机的起动方法有哪几种? 什么叫频敏变阻器,有何特点?

实验十九 双速异步电动机控制线路的安装接线

一、实验目的

(1)掌握由电路原理图换接成实际操作接线的方法。

(2)认识双速异步电动机定子绕组接法不同时转速有何差异。

二、预习要点

(1)复习双速异步电动机的接线方法。实现低速到高速由星形接法换成双星形接法和三角形接法换成双星接法,是由什么确定的?试画出从星形接法到双星形接法的接线示意图。

(2)试分析图 19-2 和图 19-3 电路工作原理流程图。

三、实验项目

(1)双速电动机的接线。

(2)手动双速异步电动机的控制线路。

(3)自动变速异步电动机的控制线路。

四、实验设备及控制屏上挂件排列顺序

1. 实验设备

本实验所用设备见表 19-1。

表 19-1 双速异步电动机的控制线路的安装接线的实验设备

序　号	型　号	名　称	数　量
1	DQ18	三相双速异步电动机(△/220 V)	1件
2	DQ39	继电接触控制挂箱(一)	1件
3	DQ39-1	继电接触控制挂箱(二)	1件

2. 屏上挂件排列顺序

DQ39-1、DQ39。

五、实验内容与步骤

1. 双速异步电动机的接线

双速异步电动机的接线原理如图 19-1 所示,需要低速连接时,只需要将 1、2、3 这 3 个端子接三相电源即可,此时内部已接成三角形连接;需要高速连接时,只需要将 1、2、3 这 3 个端子连在一起,4、5、6 这 3 个端子接三相电源即为高速。

2. 手动双速异步电动机的控制线路

按图 19-2 接线。图中 SB1、SB2、KM1、KM2 选用 DQ39 上的元器件,FU1、FU2、FU3、FU4、Q1

选用 DQ39-1 上的元器件,M 选用 DQ18。经检查无误后,按下列步骤进行实验:

(1)按下控制屏上的"开"(绿色)按钮,合上 Q1 开关,接通 220 V 交流电源。

(2)按下 SB1,观察电动机转子在低速情况下的运行情况。

(3)再按下 SB2,观察电动机转子在高速情况下的运行情况(注意观察电动机的转速变化)。

(4)按下 SB3,使电动机停转。直接按下 SB2,电动机和接触器能否工作,此时电动机转速如何?

(5)关闭 Q1 开关,按下控制屏上的"关"(红色)按钮。

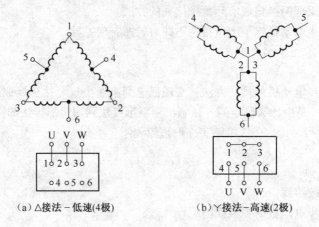

（a）△接法-低速(4极)   （b）Y接法-高速(2极)

图 19-1   双速异步电动机的接线原理

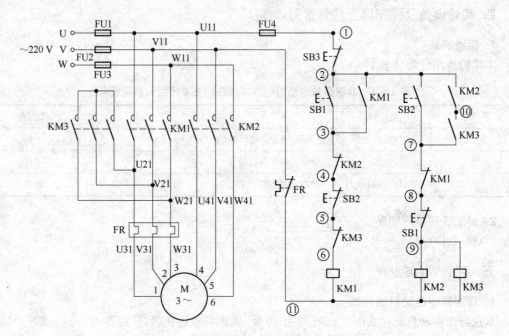

图 19-2   手动双速异步电动机的控制线路

3. 自动变速异步电动机的控制线路

保持主电路不变,控制线路按图 19-3 进行接线。图中 SB1、SB3、KM1、KM2、KT1 选用 DQ39

上的元器件,KA1 选用 DQ39-1 上的元器件,M 选用 DQ18。经检查无误后,按以下步骤进行实验:

(1)按下控制屏上的"开"按钮,合上开关 Q1,接通 220 V 三相交流电源。

(2)按下 SB1,电动机按三角形接法起动,观察并记录电动机转速。

(3)经过一段时间延时后,电动机按双星形接法运行,观察并记录电动机转速。

(4)按下 SB3,电动机停止运转。

(5)关闭 Q1 开关,按下控制屏上的"关"(红色)按钮。

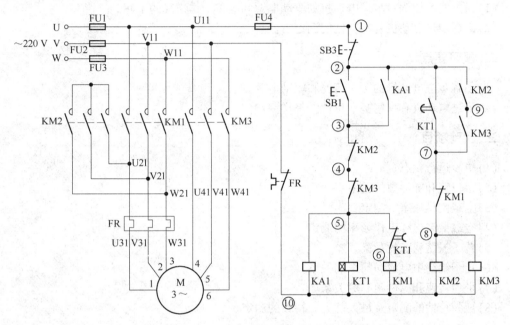

图 19-3　时间继电器控制双速电动机自动加速控制电路

六、注意事项

实验前要检查控制屏左侧端面上的调压器旋钮须在零位,下面"直流电机电源"的"电枢电源"开关及"励磁电源"开关须在"关"位置。开启"电源总开关",按下启动按钮,旋转调压器旋钮,将三相交流电源输出端 U、V、W 的线电压调到 220 V。再按下控制屏上的"关"(红色)按钮,以切断三相交流电源。

七、实验报告

(1)双速异步电动机是靠改变什么来改变转速的?

(2)从三角形接法换接成双星形接法应注意哪些问题?

(3)图 19-3 中,KA1 起什么作用?不用可以吗?

实验二十　步进电动机的特性研究

一、实验目的

(1)通过实验加深对步进电动机的驱动电源和电机工作情况的了解。

(2)掌握步进电动机基本特性的测定方法。

二、预习要点

(1)了解步进电动机的工作情况和驱动电源。

(2)步进电动机有哪些基本特性？怎样测定？

三、实验项目

(1)单步运行状态。

(2)角位移和脉冲数的关系。

(3)空载突跳频率的测定。

(4)空载最高连续工作频率的测定。

(5)转子振荡状态的观察。

(6)定子绕组中电流和频率的关系。

(7)平均转速和脉冲频率的关系。

(8)矩频特性的测定及最大静力矩特性的测定。

四、实验设备及控制屏上挂件排列顺序

1. 实验设备

1)本实验所用设备(见表20-1)

表 20-1　步进电动机的特性研究的实验设备

序　号	型　号	名　　称	数　量
1	DQ36	步进电动机控制箱	1台
2	DQ54	步进电动机实验装置	1台
3	DQ26	三相可调电阻器	1件
4	DQ22	直流数字电压表、毫安表、安培表	1件
5		双踪示波器(另购)	1台

2)本实验所用设备使用说明

步进电动机又称脉冲电动机，是数字控制系统中的一种重要的执行元件，它是将电脉冲信号变换成转角或转速的执行电动机，其角位移量与输入电脉冲数成正比；其转速与电脉冲的频率成

正比。在负载能力范围内,这些关系将不受电源电压、负载、环境、温度等因素的影响,还可在很宽的范围内实现调速,快速起动、制动和反转。随着数字技术和电子计算机的发展,使步进电动机的控制更加简便、灵活和智能化。现已广泛用于各种数控机床、绘图机、自动化仪表、计算机外设、数/模转换等数字控制系统中作为元件。

D54 步进电动机实验装置由步进电动机智能控制箱和实验装置两部分构成。

(1)步进电动机智能控制箱。本控制箱用以控制步进电动机的各种运行方式,它的控制功能是由单片机来实现的。通过键盘的操作和不同的显示方式来确定步进电动机的运行状况。

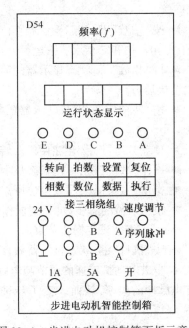

图 20-1　步进电动机控制箱面板示意图

本控制箱适用于三相、四相、五相步进电动机各种运行方式的控制。

因实验装置仅提供三相反应式步进电动机,故控制箱只提供三相步进电动机的驱动电源,面板上也只装有三相步进电动机的绕组接口。面板示意图,如图 20-1 所示。

① 技术指标:

功能:能实现单步运行、连续运行和预置数运行;能实现单拍、双拍及电动机的可逆运行。

电脉冲频率:5 Hz~1 kHz。

工作条件:供电电源 AC 220×(1±10%) V,50 Hz;

　　　　　环境温度-5~40 ℃;

　　　　　相对湿度≥80%。

质量:6 kg。

尺寸:390 mm×200 mm×230 mm。

② 使用说明:

a. 开启电源开关,面板上的 3 位数字频率计将显示"000";由 6 位 LED 数码管组成的步进电动机运行状态显示器自动进入"9999→8888→7777→6666→5555→4444→3333→2222→1111→0000"动态自检过程,而后停显在系统的初态"⊣.3"。

b. 控制键盘功能说明:

设置键:手动单步运行方式和连续运行各方式的选择。

拍数键:单三拍、双三拍、三相六拍等运行方式的选择。

相数键:电动机相数(三相、四相、五相)的选择。

转向键:电动机正、反转的选择。

数位键:预置步数的数据位设置。

数据键:预置步数位的数据设置。

执行键:执行当前运行状态。

复位键:由于意外原因导致系统死机时可按此键,经动态自检过程后返回系统初态。

c. 控制系统试运行。暂不接步进电动机绕组,开启电源进入系统初态后,即可进入试运行操作。

● 单步操作运行:每按一次"执行"键,完成一拍的运行,若连续按"执行"键,状态显示器的末位将依次循环显示"B→C→A→B…";由 5 只 LED 发光二极管组成的绕组通电状态指示器的 B、C、A 将依次循环点亮,以示电脉冲的分配规律。

● 连续运行:按"设置"键,状态显示器显示"⊣3000",称此状态为连续运行的初态。此时,可分别操作"拍数"、"转向"和"相数"3 个键,以确定步进电动机当前所需的运行方式。最后按"执行"键,即可实现连续运行。3 个键的具体操作如下(注:在状态显示器显示"⊣3000"状态下操作):

▶ 按"拍数"键:状态显示器首位数码管显示在"⊣"、"⊐"和"⊐"之间切换,分别表示三相单拍、三相六拍和三相双三拍运行方式。

▶ 按"相数"键:状态显示器的第二位,在"3、4、5"之间切换,分别表示为三相、四相、五相步进电动机运行。

▶ 按"转向"键:状态显示器的首位在"⊣"与"⊢"之间切换,"⊣"表示正转,"⊢"表示反转。

● 预置数运行:设定"拍数"、"转向"和"相数"后,可进行预置数设定,其步骤如下:

▶ 操作"数位"键,可使状态显示器逐位显示"0.",出现小数点的位即为选中位。

▶ 操作"数据"键,写入该位所需的数字。

▶ 根据所需的总步数,分别操作"数位"和"数据"键,将总步数的各位写入显示器的相应位。至此,预置数设定操作结束。

▶ 按"执行"键,状态显示器做自动减 1 运算,减至 0 后,自动返回连续运行的初态。

● 步进电动机转速的调节与电脉冲频率显示。调节面板上的"速度调节"电位器旋钮,即可改变电脉冲的频率,从而改变了步进电动机的转速。同时,由频率计显示出输入序列脉冲的频率。

● 脉冲波形观测。在面板上设有序列脉冲和步进电动机三相绕组驱动电源的脉冲波形观测点,分别将各观测点接到示波器的输入端,即可观测到相应的脉冲波形。

(2)BSZ-1 型步进电动机实验装置。本实验装置由步进电动机、刻度盘、指针以及弹簧测力矩机构组成。

①步进电动机技术数据:

型号:70BF10C。

相数:三相。

每相绕组电阻:1.2 Ω。

每相静态电流:3 A。

直流励磁电压:24 V。

最大静力矩:6 kgf·cm(1 kgf·cm=0.098 N·m)。

②装置结构:

a. 本装置已将步进电动机紧固在实验架上。步进电动机的绕组已按星形接好并已将 4 个引出线接在装置的 4 个接线端上。运行时只需要将这 4 个接线端与智能控制箱的对应输入端相连接即可。

b. 步进电动机转轴上固定有红色指针及力矩测量盘,底面是刻度盘(刻度盘的最小分度为 1°)。

c. 本装置门形支架的上端,装有定滑轮和一固定支点(采用卡簧结构),20 N 的弹簧秤连接在固定支点上,30 N 的弹簧秤通过丝线与下滑轮、测量盘、棘轮机构等连接。装置的下方设有棘轮机构。整套系统由丝绳把棘轮机构、定滑轮、弹簧秤、力矩测量盘等连接起来构成一套完整的力矩测量系统。

2. 屏上挂件排列顺序

D54、DQ22、DQ26。

五、实验内容与步骤

1. 基本实验电路的外部接线

图 20-2 所示为步进电动机实验电路的外部接线图。

2. 步进电动机组件的使用说明及实验操作步骤

1）单步运行状态

接通电源，将控制系统设置于单步运行状态，或复位后，按"执行"键，步进电动机走一步距角，绕组相应的发光二极管点亮，再不断按"执行"键，步进电动机转子也不断做步进运动。改变步进电动机转向，步进电动机做反向步进运动。

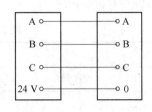

图 20-2　步进电动机实验电路
的外部接线图

2）角位移和脉冲数的关系

控制系统接通电源，设置好预置步数，按"执行"键，步进电动机运转，观察并记录步进电动机偏转角度，再重新设置另一置数值，按"执行"键，观察并记录步进电动机偏转角度于表 20-2、表 20-3 中，并利用公式计算步进电动机偏转角度，观察与实际值是否一致。

表 20-2　步进电动机偏转角度记录 1（步数 = ＿＿步）

序　号	实际步进电动机偏转角度	理论电动机偏转角度

表 20-3　步进电动机偏转角度记录 2（步数 = ＿＿步）

序　号	实际步进电动机偏转角度	理论电动机偏转角度

3）空载突跳频率的测定

控制系统置连续运行状态，按"执行"键，步进电动机连续运转后，调节速度调节旋钮使频率提高至某频率（自动指示当前频率）。按"设置"键让步进电动机停转，再重新起动步进电动机（按"执行"键），观察步进电动机能否正常运行。如正常，则继续提高频率，直至步进电动机不失步起动的最高频率，则该频率为步进电动机的空载突跳频率。记为＿＿ Hz。

4）空载最高连续工作频率的测定

步进电动机空载连续运转后缓慢调节速度调节旋钮使频率提高，仔细观察步进电动机是否不失步。如不失步，则再缓慢提高频率，直至步进电动机能连续运转的最高频率，则该频率为步进电动机空载最高连续工作频率。记为＿＿ Hz。

5）转子振荡状态的观察

步进电动机空载连续运转后，调节并降低脉冲频率，直至步进电动机声音异常或出现步进电动机转子来回偏摆即为步进电动机的振荡状态。

6）定子绕组中电流和频率的关系

在步进电动机电源的输出端串联一只直流电流表（注意+、−端）使步进电动机连续运转，由低到高逐渐改变步进电动机的频率，读取并记录 5 组电流表的平均值、频率值于表 20-4 中，观察示波器波形，并做好记录。

表 20-4 电流表的平均值、频率值记录

序　号	f/Hz	I/A
1		
2		
3		
4		
5		

7）平均转速和脉冲频率的关系

接通电源，将控制系统设置于连续运行状态，再按"执行"键，步进电动机连续运转，改变速度调节旋钮，测量频率 f 与对应的转速 n，即 $n=f(f)$。记录 5 组数据于表 20-5 中。

表 20-5 测量频率 f 与对应的转速 n 的记录

序　号	f/Hz	$n/(r/min)$
1		
2		
3		
4		
5		

8）矩频特性的测定

置步进电动机为逆时针转向，试验架上左端挂 20 N 的弹簧秤，右端挂 30 N 的弹簧秤，两秤下端的弦线套在带轮的凹槽内，控制电路工作于连续方式，设定频率后，使步进电动机起动运转，旋转棘轮机构手柄，弹簧秤通过弦线对带轮施加制动力矩[力矩大小为 $T=(F_大-F_小)D/2$]，仔细测定对应设定频率的最大输出动态力矩（步进电动机失步前的力矩）。改变频率，重复上述过程，得到一组与频率 f 对应的转矩 T，即为步进电动机的矩频特性 $T=f(f)$。将数据记入表 20-6 中。

9）静力矩特性 $T=f(I)$

关闭电源，控制电路工作于单步运行状态，将可调电阻器的两只 90 Ω 电阻并联（阻值为 45 Ω，电流为 2.6 A），把可调电阻器及一只 5 A 直流电流表串入 A 相绕组回路（注意+、−端），把弦线一端串在带轮边缘上的小孔并固定，另一端盘绕带轮凹槽几圈后接在 30 N 弹簧秤下端的钩子上，弹簧秤的另一端通过弦线与定滑轮、棘轮机构连接。

表 20-6　步进电动机的矩频特性 $T=f(f)$ 测定记录（$D=$＿＿＿ cm）

序　号	f/Hz	$F_大$/N	$F_小$/N	T/(N·cm)

　　接通电源，使 A 相绕组通过电流，缓慢旋转手柄，读取并记录弹簧秤的最大值，即为对应电流 I 的最大静力矩 T_{max} 值（$T_{max}=FD/2$），改变可调电阻器并使阻值逐渐增大，重复上述过程，可得一组电流 I 值及对应 I 值的最大静力矩 T_{max} 值，即为 $T_{max}=f(I)$ 静力矩特性。记录 5 组数据于表 20-7 中。

表 20-7　$T_{max}=f(I)$ 静力矩特性记录（$D=$＿＿＿ cm）

序　号	I/A	F/N	T_{max}/(N·cm)

六、注意事项

控制系统必须经试运行无误后，才可以接入步进电动机的实验装置，以完成相关实验项目。

七、实验报告

经过上述实验后，需要对照实验内容写出数据总结并对步进电动机实验加以小结。

1. 步进电动机驱动系统各部分的功能和波形实验

（1）方波发生器。

（2）状态选择。

（3）各相绕组间的电流关系。

2. 步进电动机的特性

（1）单步运行状态：步距角。

（2）角位移和脉冲数（步数）关系。

（3）空载突跳频率。

（4）空载最高连续工作频率。

（5）绕组电流的平均值与频率之间的关系。

（6）平均转速和脉冲频率的特性 $n=f(f)$。

（7）矩频特性 $T=f(f)$。

（8）最大静力矩特性 $T_{max}=f(I)$。

3. 回答以下问题

（1）影响步进电动机步距的因素有哪些？对实验用步进电动机,采用何种方法步距最小？

（2）平均转速和脉冲频率的关系怎样？为什么特别强调是平均转速？

（3）最大静力矩特性是怎样的特性？由什么因素造成？

（4）对该步进电动机矩频特性加以评价,能否再进行改善？若能改善,应从何处着手？

（5）各种通电方式对步进电动机性能的影响是什么？

实验二十一　旋转变压器的特性研究

一、实验目的

(1)研究测定正余弦旋转变压器的空载输出特性和负载输出特性。
(2)研究测定二次侧补偿、一次侧补偿的正余弦旋转变压器的输出特性。
(3)了解正余弦旋转变压器的几种应用情况。

二、预习要点

(1)正余弦旋转变压器的工作原理。
(2)正余弦旋转变压器的主要特性及其实验方法。

三、实验项目

(1)测定正余弦旋转变压器空载时的输出特性。
(2)测定负载对输出特性的影响。
(3)测定二次侧补偿后负载时的输出特性。
(4)测定一次侧补偿后负载时的输出特性。
(5)正余弦旋转变压器作线性应用时的接线图。

四、实验设备及控制屏上挂件排列顺序

1. 实验设备

1)本实验所用设备见表21-1。

表21-1　旋转变压器的特性研究的实验设备

序　号	型　号	名　　　　　称	数　量
1	DQ37	旋转变压器中频电源	1件
2	DQ56	旋转变压器实验装置	1件
3	DQ27	三相可调电阻器	1件
4	DQ31	波形测试及开关板	1件

2)本实验所用设备使用说明

旋转变压器是一种输出电压随转子转角变化的信号元件。当激磁绕组以一定频率的交流电激励时,输出绕组的电压可与转角的正弦、余弦成函数关系,或在一定范围内成线性关系。它广泛用于自动控制系统中的三角运算、传输角度数据等,也可以作为移相器使用。

XSZ-1型旋转变压器实验装置由旋转变压器实验仪和旋转变压器中频电源两部分组成。

(1)旋转变压器实验仪

①技术参数:

型号:36XZ20-5。

电压比:0.56。

电压:60 V。

频率:400 Hz。

激励方:定子。

空载阻抗:2 000 Ω。

绝缘电阻:≥100 MΩ。

精度:1级。

②刻度盘:

a. 本装置将旋转变压器转轴与刻度盘固紧连接,使用时旋转刻度盘手柄即可完成转轴旋转。

b. 刻度盘上的分尺有 20 小格刻度线,每小格为 3′,转角按游标尺读数。

c. 将固紧滚花螺母拧松后,便可轻松旋转刻度盘(不允许用力向外拉,以防轴头变形)。需要固定刻度盘时,可旋紧滚花螺母。

③接线柱。本装置将旋转变压器的引线端与接线柱一一对应连接,使用时根据实验接线图用手枪插头(或鳄鱼夹),将接线柱连接即可完成实验要求。

(2)旋转变压器中频电源

①技术参数:

波形:正弦波。

频率:(400±5)Hz。

电压:0~70 V。

失真度:1%。

负载:36XZ20-5 旋转变压器。

②电原理框图,如图 21-1 所示。

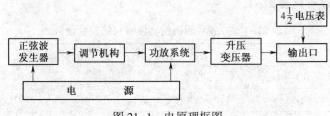

图 21-1　电原理框图

③结构特征:

前面板 $4\frac{1}{2}$ 电压表用于指示输出电压:

a. V_A 口:0~200 V 电压输入;

b. V_B 口:0~70 V 电压输出;

c. I_A 口:0~200 mA 电流输入;

d. I_B 口:输出电流指示。

旋钮顺时针旋转为增大输出幅度,逆时针旋转为减小输出幅度。

2. 屏上挂件排列顺序

D56、DQ31、DQ27。

五、实验内容与步骤

1. 测定正余弦旋转变压器空载时的输出特性

（1）按图 21-2 接线。图中 R、R_L 均用 DQ27 上 900 Ω 串联 900 Ω 共 1 800 Ω 阻值,并调定在 1 200 Ω。开关 S1、S2、S3 用 DQ31 上相应开关,D1、D2 为励磁绕组,D3、D4 为补偿绕组,Z1、Z2 为余弦绕组,Z3、Z4 为正弦绕组。

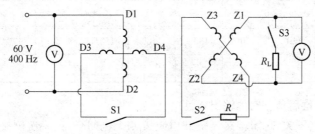

图 21-2　正余弦旋转变压器空载及负载实验接线图

（2）开关 S1、S2、S3 都在打开位置。

（3）定子励磁绕组两端 D1、D2 施加额定电压 U_{fN}（60 V、400 Hz）且保持不变。

（4）用手缓慢旋转刻度盘,找出余弦输出绕组输出电压为最小值的位置,此位置即为起始零位。

（5）在 0°～180° 间每转角 10°,测量转子余弦空载输出电压 U_{r0} 与刻度盘转角 α 的数值,并记入表 21-2 中。

表 21-2　U_{r0} 与 α 的数值记录（$U_{fN}=60$ V）

$\alpha/(°)$	0°	10°	20°	30°	40°	50°	60°	70°	80°	90°
U_{r0}/V										
$\alpha/(°)$	100°	110°	120°	130°	140°	150°	160°	170°	180°	
U_{r0}/V										

2. 测定负载对输出特性影响

（1）在图 21-2 中,开关 S1、S2 仍打开,开关 S3 闭合,使正余弦旋转变压器带负载电阻 R_L 运行。

（2）重复第一个实验的步骤（3）～（5）,记录余弦负载输出电压 U_{rL} 与转角 α 的数值,并记入表 21-3 中。

表 21-3　U_{rL} 与 α 的数值记录（$U_{fN}=60$ V）

$\alpha/(°)$	0°	10°	20°	30°	40°	50°	60°	70°	80°	90°
U_{rL}/V										
$\alpha/(°)$	100°	110°	120°	130°	140°	150°	160°	170°	180°	
U_{rL}/V										

3. 测定二次侧补偿后负载时的输出特性

(1)在图 21-2 中,开关 S1 打开,S3 闭合接通负载电阻 R_L,开关 S2 也闭合,使二次侧正弦绕组 Z3、Z4 经补偿电阻 R 闭合。

(2)重复第一个实验的步骤(3)~(5),记录余弦负载输出电压 U_{rL} 与转角 α 的数值,并记入表 21-4 中。实验时,注意一次侧输出电流的变化。

表 21-4 测定二次侧补偿后负载的 U_{rL} 与 α 的数值记录($U_{fN}=60$ V)

$\alpha/(°)$	0°	10°	20°	30°	40°	50°	60°	70°	80°	90°
U_{rL}/V										
$\alpha/(°)$	100°	110°	120°	130°	140°	150°	160°	170°	180°	
U_{rL}/V										

4. 测定一次侧补偿后负载时的输出特性

(1)在图 21-2 中,开关 S3 闭合接通负载电阻 R_L,S1 也闭合,把一次侧接成补偿电路,开关 S2 打开。

(2)重复第一个实验的步骤(3)~(5),记录余弦负载输出电压 U_{rL} 与转角 α 的数值,并记入表 21-5 中。

表 21-5 测定一次侧补偿后负载的 U_{rL} 与 α 的数值记录($U_{fN}=60$ V)

$\alpha/(°)$	0°	10°	20°	30°	40°	50°	60°	70°	80°	90°
U_{rL}/V										
$\alpha/(°)$	100°	110°	120°	130°	140°	150°	160°	170°	180°	
U_{rL}/V										

5. 正余弦旋转变压器作线性应用时的接线图

(1)按图 21-3 接线。图中 R_L 用 DQ27 上 900 Ω 串联 900 Ω 共 1 800 Ω 阻值,并调定在 1 200 Ω 固定不变。

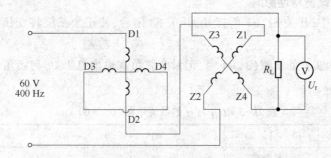

图 21-3 正余弦旋转变压器作线性应用时的接线图

(2)重复第一个实验中的步骤(3)~(5),在-60°~60°间,每转角 10°记录输出电压 U_r 与转角

α 的数值,并记入表 21-6 中。

表 21-6　U_r 与转角 α 的数值记录($U_{fN} = 60$ V)

$\alpha/(°)$	-60°	-50°	-40°	-30°	-20°	-10°	0°
U_r/V							
$\alpha/(°)$	10°	20°	30°	40°	50°	60°	
U_r/V							

六、注意事项

前面板 $4\frac{1}{2}$ 电压表用于指示输出电压,波段开关用于 V_A 口、V_B 口、I_A 口、I_B 口 4 口的切换,系统分立采样。各口可同时使用,波段开关可直接显示切换,此电压表只测量外部信号。

七、实验报告

(1)根据表 21-2 的实验记录数据,绘制正余弦旋转变压器空载时输出电压 U_{r0} 与转角 α 的关系曲线,即 $U_{r0}=f(\alpha)$。

(2)根据表 21-3 的实验记录数据,绘制负载时输出电压 U_{rL} 与转子转角 α 的关系曲线,即 $U_{rL}=f(\alpha)$。

(3)根据表 21-4 的实验记录数据,绘制二次侧补偿后负载时输出电压 U_{rL} 与转子转角 α 的关系曲线,即 $U_{rL}=f(\alpha)$。

(4)根据表 21-5 的实验记录数据,绘制一次侧补偿后负载时输出电压 U_{rL} 与转子转角 α 的关系曲线,即 $U_{rL}=f(\alpha)$。

(5)根据表 21-6 的实验记录数据,绘制正余弦旋转变压器作线性应用时输出电压 U_r 与转子转角 α 的关系曲线,即 $U_r=f(\alpha)$。

注:①要保持电压不变,可将转角固定,微调旋钮。

②负载 R_L 参考值为 1 200 Ω。

(6)试分析旋转变压器一、二次侧补偿的原理。

(7)试分析正余弦旋转变压器作线性变压器的原理。

实验二十二　测定伺服电动机参数、机械特性和调节特性

一、实验目的

(1)通过实验测出直流伺服电动机的参数 R_{aref}、K_e、K_T。

(2)掌握直流伺服电动机的机械特性和调节特性的测量方法。

二、预习要点

(1)直流伺服电动机的运行原理。

(2)如何测量直流伺服电动机的机电时间常数,并求传递函数。

三、实验项目

(1)测直流伺服电动机电枢绕组的直流电阻。

(2)测直流伺服电动机的机械特性 $T=f(n)$。

(3)测直流伺服电动机的调节特性 $n=f(U_a)$。

(4)测定空载始动电压和检查空载转速的不稳定性。

(5)测量直流伺服电动机的机电时间常数。

四、实验设备及控制屏上挂件排列顺序

1. 实验设备

本实验所用设备见表 22-1。

表 22-1　测定伺服电动机参数、机械特性和调节特性的实验设备

序　号	型　号	名　　称	数　量
1	DQ03	导轨、测速发电机及转速表	1件
2	DQ09	并励直流电动机(也可用 DJ25)(作直流伺服电动机)	1件
3	DQ19	校正直流测功机	1件
4	DQ22	直流数字电压表、毫安表、安培表	2件
5	DQ26	三相可调电阻器	1件
6	DQ29	可调电阻器、电容器	1件
7	DQ27	三相可调电阻器	1件
8	DQ31	波形测试及开关板	1件
9		记忆示波器(另购)	1件

伺服电动机在自动控制系统中作为执行元件,又称执行电动机,它把输入的控制电压信号变为输出的角位移或角速度。它的运行状态由控制信号控制,加上控制信号它应当立即旋转,去掉控制信号它应当立即停转,转速高低与控制信号成正比。

2. 屏上挂件排列顺序

DQ22、DQ27、DQ31、DQ29、DQ26。

五、实验内容与步骤

1. 测直流伺服电动机电枢绕组的直流电阻

（1）按图 22-1 接线，电阻 R 用 DQ29 上 1 800 Ω 和 180 Ω 串联共 1 980 Ω 阻值，电流表选用 DQ22，量程选用 5 A 挡，开关 S 选用 DQ31。

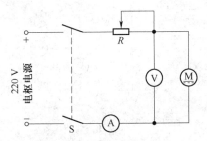

图 22-1　测电枢绕组的直流电阻接线图

（2）经检查无误后接通电枢电源，并调至 220 V，合上开关 S，调节 R 使电枢电流达到 0.2 A，迅速测取伺服电动机电枢两端电压 U 和电流 I，再将伺服电动机轴分别旋转 1/3 周和 2/3 周。同样测取 U、I，记入表 22-2 中，取 3 次的平均值作为实际冷态电阻。

表 22-2　冷态电阻测量数据记录

序号	U/V	I/A	R_a/Ω	R_{aref}/Ω

（3）计算基准工作温度时的电枢电阻。由实验直接测得电枢绕组电阻值，此值为实际冷态电阻值 R_a。冷态温度为室温 θ_a，按式（4-2）换算到基准工作温度（对于 E 级绝缘为 75 ℃）时的电枢绕组电阻值 R_{aref}。

2. 测直流伺服电动机的机械特性

（1）按图 22-2 接线，图中 R_{f1} 选用 DQ29 上 1 800 Ω 阻值，R_{f2} 选用 DQ27 上 1 800 Ω 阻值，R_1 选用 DQ26 上 6 只 90 Ω 串联共 540 Ω 阻值，R_2 选用 DQ29 上 180 Ω 阻值采用分压器接法，R_L 选用 DQ27 上 1 800 Ω 加上 900 Ω 并联 900 Ω 共 2 250 Ω 阻值，开关 S1、S2 选用 DQ31 挂箱上的对应开关，A1、A3 选用两只 DQ22 上 200 mA 挡，A2、A4 选用 DQ22 上安培表。

（2）把 R_{f1} 调至最小，R_1、R_2、R_L 调至最大，开关 S1、S2 打开，先接通励磁电源，再接通电枢电源并调至 220 V，电动机运行后把 R_1 调至最小。

（3）合上开关 S1，调节校正直流测功机 DQ19 励磁电流 $I_{f2} = 100$ mA，校正值不变（如果是 DJ25，则取 $I_{f2} = 50$ mA）。逐渐减小 R_L 阻值（注：先调 1 800 Ω 阻值，调到最小后用导线短接），并增大 R_{f1} 阻值，使 $n = n_N = 1\ 500$ r/min，$I_a = I_N = 1.2$ A，$U = U_N = 220$ V，此时电动机励磁电流为额定励磁电流。

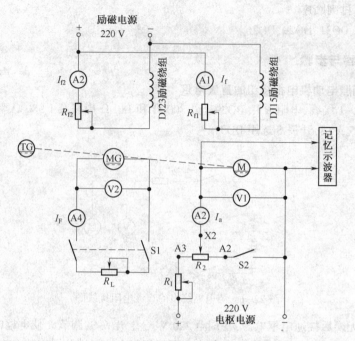

图 22-2　直流伺服电动机接线图

（4）保持此额定电流不变，逐渐增加 R_L 阻值，从额定负载到空载（断开开关 S1），测取其机械特性 $n=f(T)$，其中 T 可由 I_F 从校正直流测功机的校正曲线查出，记录 n、I_a、I_F 数据 7~8 组于表 22-3 中。

表 22-3　从额定负载到空载 $n=f(T)$ 数据记录（$U=U_N=220$ V, $I_{f2}=$ ＿＿＿ mA, $I_f=I_{fN}=$ ＿＿＿ mA）

$n/(\text{r/min})$							
I_a/A							
I_F/A							
$T/(\text{N}\cdot\text{m})$							

（5）调节电枢电压为 $U=160$ V，调节 R_{f1}，保持电动机励磁电流的额定电流 $I_f=I_{fN}$，减小 R_L 阻值，使 $I_a=1$ A，再增大 R_L 阻值，一直到空载，记录数据 7~8 组于表 22-4 中。

表 22-4　数据记录（$U=160$ V, $I_{f2}=$ ＿＿＿ mA, $I_f=I_{fN}=$ ＿＿＿ mA）

$n/(\text{r/min})$							
I_a/A							
I_F/A							
$T/(\text{N}\cdot\text{m})$							

（6）调节电枢电压为 $U=110$ V，保持 $I_f=I_{fN}$ 不变，减小 R_L 阻值，使 $I_a=0.8$ A，再增大 R_L 阻值，一直到空载，记录数据 7~8 组于表 22-5 中。

表 22-5　数据记录（$U = 110$ V，$I_{f2} =$ ____ mA，$I_f = I_{fN} =$ ____ mA）

$n/(\text{r/min})$							
I_a/A							
I_F/A							
$T/(\text{N·m})$							

3. 测直流伺服电动机的调节特性

（1）按测直流伺服电动机的机械特性实验的步骤（1）～（3）起动电动机，保持 $I_f = I_{fN}$、$I_{f2} = 100$ mA 不变。调节 R_L 使电动机输出转矩为额定输出转矩时的 I_F 值并保持不变，即保持校正直流测功机 输出电流为额定输出转矩时的电流值$\left(\text{额定输出转矩 } I_N = \dfrac{P_N}{2\pi n_N/60}\right)$，调节直流伺服电动机电枢 电压。（注：单方向调节控制屏上旋钮，不要调 DQ26 上电阻）测取直流伺服电动机的调节特性 $n = f(U)$，直到 $n = 100$ r/min，记录数据 7～8 组于表 22-6 中。

表 22-6　调节特性 $n = f(U)$ 数据记录［$I_{f2} =$ ____ mA，$I_f = I_{fN} =$ ____ mA，$I_F =$ ____ A（$T = T_N$）］

U_a/V							
$n/(\text{r/min})$							

（2）保持电动机输出转矩 $T = 0.5T_N$，重复以上实验，记录数据 7～8 组于表 22-7 中。

表 22-7　数据记录［$I_{f2} =$ ____ mA，$I_f = I_{fN} =$ ____ mA，$I_F =$ ____ A（$T = 0.5T_N$）］

U_a/V							
$n/(\text{r/min})$							

（3）保持电动机输出转矩 $T = 0$（即校正直流测功机与直流伺服电动机脱开，直流伺服电动机 直接与测速发电机同轴连接），调节直流伺服电动机电枢电压。当调至最小后，合上开关 S2，减 小分压电阻 R_2，直至 $n = 0$ r/min，记录数据 7～8 组于表 22-8 中。

表 22-8　直流测功机脱开时电枢电压与转速的测定数据记录（$I_f = I_{fN} =$ ____ mA，$T = 0$）

U_a/V							
$n/(\text{r/min})$							

4. 测定空载始动电压和检查空载转速的不稳定性

（1）空载始动电压。按测直流伺服电动机的调节特性实验的步骤（3）起动电动机，把电枢电 压调至最小后，合上开关 S2，逐渐减小 R_2 直至 $n = 0$ r/min，再慢慢增大分压电阻 R_2，即使电枢电 压从零缓慢上升，直至电动机开始连续转动，此时的电压即为空载始动电压。

（2）正、反向各做 3 次，取其平均值作为该电动机始动电压，将数据记入表 22-9 中。

表 22-9　正、反向数据记录（$I_f = I_{fN} =$ ____ mA，$T = 0$）

次　数	1	2	3	平　均
正向 U_a/V				
反向 U_a/V				

（3）正（反）转空载转速的不对称性：

$$正（反）转空载转速不对称性 = \frac{正（反）向空载转速 - 平均转速}{平均转速} \times 100\%$$

$$平均转速 = \frac{正向空载转速 - 反向空载转速}{2}$$

注：正（反）转空载转速的不对称性应≤3%。

5. 测量直流伺服电动机的机电时间常数

按图22-2中右侧图接线，直流伺服电动机加额定励磁电流，用记忆示波器拍摄直流伺服电动机空载启动时的电流过渡过程，从而求得电动机的机电时间常数。

六、注意事项

起动时，直流伺服电动机应该在把 R_{fl} 调至最小，R_1、R_2、R_L 调至最大，开关 S1、S2 打开后，即按照先接通励磁电源，再接通电枢电源并调至 220 V，电动机稳定运行后再把 R_1 调至最小。

七、实验报告

（1）由实验数据求得电动机参数：R_{aref}、K_e、K_T。

R_{aref} 为直流伺服电动机的电枢电阻；$K_e = \dfrac{U_{aN}}{n_0}$ 为电势常数；$K_T = \dfrac{30}{\pi} K_e$ 为转矩常数。

（2）由实验数据画出直流伺服电动机的 3 条机械特性和 3 条调节特性曲线。

（3）求该直流伺服电动机的传递函数。

（4）回答以下问题：

①转矩常数 K_T 的计算现采用 $K_T = \dfrac{30}{\pi} K_e$，而没有采用公式 $K_T = \dfrac{T_K \times R_a}{U_a}$ 来求取，这是为什么？用这两种方法所得之值是否相同？有差别时其原因是什么？

②若直流伺服电动机正（反）转速有差别，试分析其原因。

实验二十三　测定自整角机性能指标

一、实验目的

(1)了解力矩式自整角机精度和特性的测定方法。
(2)掌握力矩式自整角机系统的工作原理和应用知识。

二、预习要点

(1)力矩式自整角机的工作原理。
(2)力矩式自整角机精度与特性测试方法。
(3)力矩式自整角机比整步转矩的测量方法。

三、实验项目

(1)测定力矩式自整角机发送机的零位误差。
(2)测定力矩式自整角机静态整步转矩与失调角的关系曲线。
(3)测定力矩式自整角机的静态误差。
(4)测定力矩式自整角机比整步转矩(又称比力矩)及阻尼时间。

四、实验设备及控制屏上挂件排列顺序

1. 实验设备

1)本实验所用设备(见表23-1)

表 23-1　测定自整角机性能指标的实验设备

序　号	型　号	名　称	数　量
1	TKZJ-1	自整角机实验装置(圆盘半径为 2 cm)	1 件
2	DQ43	交流电压表	1 件
3	DQ26	三相可调电阻器	1 件

2)本实验所用设备使用说明

自整角机是一种对角位移或角速度的偏差有自整步能力的控制电机。它广泛用于显示装置和随动系统中,使机械上互不相连的两根或多根转轴能自动保持相同的转角变化或同步旋转。在系统中,通常是两台或多台自整角机组合使用。产生信号的一方称为发送机,接收信号的一方称为接收机。

(1)自整角机技术参数:

发送机型号:BD-404A-2。

接收机型号:BS-404A。

励磁电压:220×(1±5%) V。

励磁电流:0.2 A。

二次电压:49 V。

频率:50 Hz。

(2)发送机的刻度盘及接收机的指针调准在特定位置的方法。旋松电动机轴头螺母,拧紧电动机后轴头,旋转刻度盘(或手拨指针圆盘)至某要求的刻度值位置,保持该电动机转轴位置并旋紧轴头螺母。

(3)接线柱的使用方法。本装置将自整角机的 5 个输出端分别与接线柱对应相连,激磁绕组用 L1、L2(L1′、L2′)表示;二次绕组用 T1、T2、T3(T1′、T2′、T3′)表示。使用时,根据实验接线图要求用手枪插头线分别将接线柱连接,即可完成实验要求。(注:电源线、连接导线出厂配套)。

(4)发送机的刻度盘上边和接收机的指针两端均有 20 小格的刻度线,每一小格为 3′,转角按游标尺方法读数。

(5)接收机的指针圆盘直径为 4 cm,测量静态整步转矩=砝码重力×圆盘半径=砝码重力×2 cm。

(6)将固紧滚花螺母拧松后,便可用手柄轻松旋转发送机的刻度盘(不允许用力向外拉,以防轴头变形)。需要固定刻度盘在某刻度值位置不动时,可用手旋紧滚花螺母。

(7)需吊砝码实验时,将串有砝码钩的线端在指针小圆盘的小孔上,将线绕过小圆盘上边凹槽,在砝码钩上吊砝码即可。

(8)每套自整角机实验装置中的发送机、接收机均应配套,按同一编号配套。

(9)自整角机变压器用力矩式自整角接收机代用。

(10)需要测试激磁绕组的信号,在该部件的电源插座上插上激磁绕组测试线即可。

2. 屏上挂件排列顺序

DQ43、DQ26。

五、实验内容与步骤

1. 测定力矩式自整角发送机的零位误差

(1)按图 23-1 接线。励磁绕组 L1、L2 接额定激励电压 U_N(220 V),整步绕组 T2—T3 端接电压表。

(2)旋转刻度盘,找出输出电压为最小的位置作为基准电气零位。

(3)整步绕组 3 线间共有 6 个零位,刻度盘转过 60°,即有两线端输出电压为最小值。

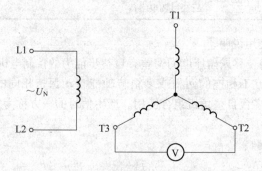

图 23-1 测定力矩式自整角发送机零位误差接线图

（4）实测整步绕组 3 线间 6 个输出电压为最小值的相应位置角度与电气角度，并记入表 23-2 中。

表 23-2　整步绕组 3 线间 6 个输出电压为最小值的相应位置角度与电气角度

理论上应转角度	基准电气零位	+180°	+60°	+240°	+120°	+300°
刻度盘实际转角						
误　差						

注意：机械角度超前为正误差，滞后为负误差，正、负最大误差绝对值之和的一半，即为发送机的零位误差 $\Delta\theta$，以角分表示。

2. 测定力矩式自整角机静态整步转矩与失调角的关系曲线 $T=f(\theta)$

（1）确保断电情况下，按图 23-2 接线。

（2）将发送机和接收机的励磁绕组加额定激励电压 220 V，待稳定后，发送机和接收机均调整到 0°位置。固紧发送机刻度盘在该位置。

（3）在接收机的指针圆盘上吊砝码，记录砝码重量以及接收机转轴偏转角度。在偏转角从 0°至 90°之间取 7~9 组数据并记入表 23-3 中。

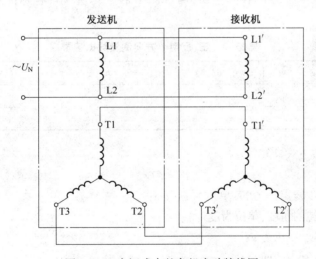

图 23-2　力矩式自整角机实验接线图

表 23-3　砝码质量 G、静态整步转矩 T 以及接收机转轴偏转角度 θ 的关系

G/g								
$T/(\mathrm{g\cdot cm})$								
$\theta/(°)$								

注意：

（1）实验完毕后，应先取下砝码，再断开励磁电源。

（2）表中 $T=G\times R$ 式中 G——砝码质量，g；R——圆盘半径，cm。

3. 测定力矩式自整角机的静态误差 $\Delta\theta_{jt}$

（1）接线仍按图 23-2 进行。

(2)发送机和接收机的励磁绕组加额定电压 220 V,发送机的刻度盘不固紧,并将发送机和接收机均调整到 0°位置。

(3)缓慢旋转发送机刻度盘,每转过 20°,读取接收机实际转过的角度并记入表 23-4 中。

表 23-4   接收机实际转过的角度

发送机转角	0°	20°	40°	60°	80°	100°	120°	140°	160°	180°
接收机转角										
误　差										

4. 测定力矩式自整角机比整步转矩 T_θ 及阻尼时间

1)测定比整步转矩

(1)比整步转矩是指在力矩式自整角机系统中,在协调位置附近,单位失调角所产生的整步转矩。

(2)测定接收机的比整步转矩时,可按图 23-2 接线,T2′、T3′用导线短接,在励磁绕组 L1-L2 两端上施加额定电压,在指针圆盘上加砝码,使指针偏转 5°左右,测得整步转矩。

(3)实验在正、反两个方向各测一次,两次测量的平均值应符合标准规定。将数据记入表 23-5 中。

表 23-5   正、反两个方向测量数据记录

项　目	G/g	$\theta/(°)$	$T = GR/(g \cdot cm)$	$T_\theta = (\theta T/2)/(g \cdot cm)$
正向				
反向				

比整步转矩 T_θ 按下式计算:

$$T_\theta = \theta T/2$$

式中　T——静态整步转矩($=GR$),单位为 g·cm;

　　　θ——指针偏转的角度,单位为度(°);

　　　G——砝码质量,单位为 g;

　　　R——轮盘半径,为 2 cm。

2)测定阻尼时间 t_m

(1)阻尼时间是指在力矩式自整角系统中,接收机自失调位置至协调位置,达到稳定状态所需的时间。测定阻尼时间可按图 23-3 接线。

(2)将发送机和接收机的励磁绕组加上额定电压,使发送机的刻度盘和接收机的指针指在 0°位置并固紧发送机的刻度盘在该位置。旋转接收机指针圆盘使系统失调角为 177°,然后松手使接收机趋向平衡位置,用振子示波器拍摄(或慢扫描示波器观察)采样电阻 R 两端的电流波形,记录接收机阻尼时间。

六、注意事项

表 23-4 中,接收机实际转过的角度误差,接收机转角超前为正误差,滞后为负误差,正、负最大误差绝对值之和的一半为力矩式接收机的静态误差。

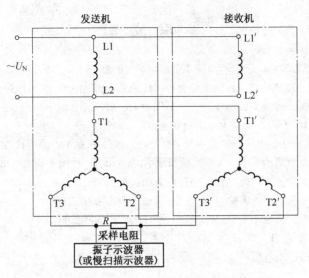

图 23-3　测定力矩式自整角机阻尼时间接线图

七、实验报告

(1) 根据实验结果,求出被试力矩式自整角发送机的零位误差 $\Delta\theta$。

(2) 画出静态整步转矩与失调角的关系曲线 $T=f(\theta)$。

(3) 实测比整步转矩和接收机的阻尼时间数值为多少?

(4) 求出被试力矩式自整角机的静态误差 $\Delta\theta_{jt}$。

参 考 文 献

[1] 张婷. 电机学实验教程[M]. 北京:机械工业出版社,2018.

[2] 梁雪,贾旭,张朋. 电机原理及拖动实验教程[M]. 沈阳:东北大学出版社,2016.

[3] 王爱霞,王蕾. 电机原理及实训[M]. 北京:中国电力出版社,2011.

[4] 李辉. 电机实验[M]. 重庆:重庆大学出版社,2011.

[5] 杜士俊,唐海源,张晓江. 电机及拖动基础实验[M]. 北京:机械工业出版社,2007.

[6] 苑尚尊,贺春玲. 电机拖动与电气技术实验指导书[M]. 北京:中国水利水电出版社,2008.

[7] 富强,徐利. 电机实验技术[M]. 北京:中国电力出版社,2009.

[8] 徐余法,胡幸鸣. 电机及拖动实验[M]. 北京:机械工业出版社,2004.

[9] 任礼维,张杰官. 电机与拖动实验[M]. 杭州:浙江大学出版社,2004.

[10] 徐政. 电机实验教程[M]. 北京:中国电力出版社,2009.

[11] 陈宗涛. 电机实验技术教程[M]. 南京:东南大学出版社,2008.